U0169502

新时期消防安全技能及其监督管理

邵琳　著

吉林科学技术出版社

图书在版编目（CIP）数据

新时期消防安全技能及其监督管理 / 邵琳著. -- 长春 : 吉林科学技术出版社, 2022.5
ISBN 978-7-5578-9329-3

Ⅰ.①新… Ⅱ.①邵… Ⅲ.①消防—安全管理 Ⅳ.①TU998.1

中国版本图书馆CIP数据核字(2022)第072947号

新时期消防安全技能及其监督管理

著	邵 琳
出 版 人	宛 霞
责任编辑	梁丽玲
封面设计	乐 乐
制 版	长春美印图文设计有限公司
幅面尺寸	145mm×210mm
开 本	32
字 数	100 千字
印 张	6.375
印 数	1-1500 册
版 次	2022年5月第1版
印 次	2022年5月第1次印刷

出 版	吉林科学技术出版社
发 行	吉林科学技术出版社
地 址	长春市南关区福祉大路5788号出版大厦A座
邮 编	130118
发行部电话/传真	0431-81629529 81629530 81629531
	81629532 81629533 81629534
储运部电话	0431-86059116
编辑部电话	0431-81629510
印 刷	廊坊市印艺阁数字科技有限公司

书 号	ISBN 978-7-5578-9329-3
定 价	58.00元

前　言

　　随着市场经济的发展，城市建设的规模不断扩大，人民物质文化生活水平不断提高，越来越多的高层建筑、大型建筑拔地而起，但因这些建筑的多元化、复杂化往往存在着无数的隐性安全隐患和显性安全隐患。在此背景下，城市化战略决策的实施以及消防执法规范建设的深入推进，给城市消防安全工作创造了前所未有的机遇。建立健全消防监督制度是保证消防安全管理的首要前提，因此有关部门必须要格外重视消防监督管理工作的落实，并进行有效的安全管理和隐患排查，这样才能从根本上为人们提供更加舒适的生活和居住环境，这对促进社会稳定和发展有很大帮助。

　　研究消防安全技能及其监督管理，提升消防监督工作质量，制定切实可行的对策，对于有效减少自然灾害和城市公共安全中存在的不和谐因素、创建良好的消防监督管理环境、维护社会正常生产经营、建设和谐有序的生活秩序具有重要意义。

　　基于此，本书以"新时期消防安全技能及其监督管理"为选题，在内容编排上共设置五章：第一章研究消防基础知识，内容涵盖燃烧与爆炸、危险化学品基础知识、消防水力学基础知识；第二章是建筑防火，内容包括防火防烟分区分隔、建筑电气防火、建筑防爆、建筑设备防火防爆、灭火救援设施；第三章探究初起火灾的处置与消防安全疏散；第四章对消防监督检查基本工作、典型单位（场所）消防监督检查、其他单位（场所）消防监督检查进行全面详细的论述，阐释了消防监督检查相关工作内容；第五章研究消防宣传教育培训，内容包括消防宣传教育与消防安全培训。

本书体系完整、视野开阔、层次清晰，力求以较小的篇幅涵盖消防安全技能及其监督管理所涉及的诸多内容，力求理论和实践的统一，达到适用性广、实用性高、操作性强的目的，以方便相关工作人员学习和掌握。

笔者在撰写本书的过程中，得到了许多专家、学者的帮助和指导，在此表示诚挚的谢意。由于笔者水平有限，加之时间仓促，书中所涉及的内容难免有疏漏之处，希望各位读者多提宝贵意见，以便笔者进一步修改，使之更加完善。

目录

▶ 第一章 消防基础知识

消防工作是社会公共安全的重要组成部分，学习、掌握一些消防基础知识，协助做好防火工作，对保障各项工作的顺利进行，都具有十分重要的意义。本章内容涵盖燃烧与爆炸、危险化学品基础知识、消防水力学基础知识。

第一节 燃烧与爆炸

一、燃烧

燃烧是可燃物与氧化剂作用发生的放热反应，通常伴有火焰、发光和（或）发烟现象，燃烧应具备放热、发光和化学反应三个特征。

（一）燃烧条件

1.燃烧的必要条件

无焰燃烧必须具备三个必要条件，即可燃物、氧化剂（助燃物）和温度（引火源）。有焰燃烧必须具备四个必要条件，即可燃物、氧化剂、温度和未受抑制的链式反应。

（1）可燃物。可燃物可分为气体可燃物（如一氧化碳、天然气、二氧化硫等）、液体可燃物（如汽油、煤油、柴油等）和固体可燃物（如煤、木材、棉、麻等）三种类别。

（2）氧化剂（助燃物）。通常燃烧过程中的氧化剂主要是氧气，除氧气外，某些物质也可以作为燃烧反应的氧化剂，如氟、氯等。

（3）温度（引火源）。生产生活中的引火源通常有明火、高温物体、化学热能、电热能、机械热能、生物能、光能和核能等。

（4）链式反应。有焰燃烧都存在链式反应，从而使燃烧持续不断。

2.燃烧的充分条件

具备了燃烧的必要条件，并不意味着燃烧必然发生。在各种必要条件中，还应有"量"的要求，这就是发生燃烧或持续燃烧的充分条件。对于无焰燃烧，具备了一定的可燃物浓度、一定的氧气含量、一定的点火能量，燃烧就会发生。而对于有焰燃烧，应同时具备一定的可燃物浓度、一定的氧气含量、一定的点火能量和未受抑制的链式反应，燃烧才会发生和持续。

（二）物质的燃烧性能

参照有关标准，根据物质的燃烧性能，物质可分为易燃物、可燃物、难燃物和不燃物。

1.易燃物

易燃物包括易燃气体、易燃液体和易燃固体，这类物质易燃、易爆，燃烧时放出大量有害气体。有的遇水发生剧烈反应，产生可燃气体，遇火燃烧爆炸。

常见的易燃气体：乙烷、氢、甲烷、液化石油气、水煤气等。

常见的易燃液体：甲苯、甲醇、乙醇、乙醛、汽油、煤油、松节油等。

常见的易燃固体：硫黄、金属钾、钠、锂、钙、锶、赤磷、五硫化磷、镁粉、铝粉、油纸及其制品等。

2.可燃物

可燃物包括可燃固体和闪点大于等于 60℃的可燃液体。可燃固体在空气中受到火焰和高温作用时发生燃烧，即使火源拿走，仍能持续燃烧。

常见的可燃固体：纸张，棉、毛、丝、麻及其织物，谷物，面粉，天然橡胶及其制品，竹、木及其制品等。

常见的可燃液体：动物油、植物油、润滑油、机油、重油、酒精度大于 50%小于 60%（体积分数）的白酒等。

3.难燃物

难燃物的特性是在空气中受到火焰或高温作用时，难起火、难燃或微燃，将火源移走燃烧即可停止。

常见的难燃物：自熄性塑料及其制品，酚醛泡沫塑料及其制品，水泥刨花板等。

4.不燃物

不燃物的特性是在空气中受到火焰或高温作用时，不起火、不微燃、不炭化。

常见的不燃物：钢材、铝材、玻璃及其制品，陶瓷制品，不燃气体，玻璃棉、岩棉、陶瓷棉、硅酸铝纤维、矿棉、石膏及其无纸制品，水泥、石块等。

（三）可燃物的燃烧特点

（1）可燃固体。可燃固体必须经过受热、蒸发、热分解，固体上方可燃气体浓度达到燃烧极限，才能持续不断地发生燃烧。

（2）可燃液体。可燃液体在燃烧过程中，并不是液体本身的燃烧，而是液体在受热时蒸发出来液体蒸气，被分解、氧化达到燃点而燃烧，即蒸发燃烧。

（3）可燃气体。可燃气体的燃烧不像固体、液体那样必须经过熔化、蒸发的过程，所需热量仅用于氧化和分解，或将气体加热到燃点，因此气体容易燃烧且燃烧速度快。

（四）燃烧的类型划分

燃烧类型主要有闪燃、自燃、着火和爆炸。

1.闪燃

在一定温度下，可燃液体表面产生足够的可燃蒸气，与空气混合，遇火源产生一闪即灭的燃烧现象，称为闪燃。

在规定的试验条件下，液体表面能产生闪燃的最低温度，称为闪点。闪点是衡量液体火灾危险性大小的重要参数。闪点越低，火灾危险性越大；反之，则越小。

2.自燃

可燃物质在没有外部明火焰等火源的作用下，因受热或自身发热并蓄热所产生的自行燃烧现象，称为自燃。自燃包括受热自燃和本身自燃。

（1）受热自燃。可燃物质在空气中，连续均匀地加热到一定温度，在没有外部火源的作用下，发生自行燃烧的现象，称为受热自燃。

（2）本身自燃。可燃物质在空气中，自然发热经一定时间的积蓄使物质达到自燃点而燃烧的现象，称为本身自燃。

在规定条件下，可燃物质发生自燃的最低温度，称为该物质的自燃点。自燃点是衡量可燃物质受热升温或自热升温导致自燃危险的判别依据。可燃物的自燃点越低，发生自燃的危险性越大。

3.着火

可燃物质与空气（氧化剂）共存，达到某一温度时与火源接触即发生燃烧，当火源移去后，仍能继续燃烧，直到可燃物燃尽为止，这种持续燃烧的现象称为着火。

在规定的试验条件下，应用外部热源使可燃物质起火并持续燃烧的最低温度，称为燃点。在相同条件下，可燃物的燃点越低，越容易被明火源点燃着火。

4.爆炸

爆炸是一种特殊的燃烧类型，其发生发展过程迅速，瞬间释放出巨大能量，极易造成大量人员伤亡和财产损失。在火场上，常见的爆炸主要有以下三种：

（1）气体爆炸，是指可燃气体与空气混合后遇到明火或电火花等火源时发生爆炸的现象。气体爆炸必须具备的三个条件：气体本身具有可燃性；气体必须与空气混合达到一定的浓度；有点火源的存在。

（2）粉尘爆炸，是指悬浮于空气中的可燃粉尘遇到明火或电火花等火源时发生爆炸的现象。粉尘爆炸必须具备的三个条件：粉尘本身具有可燃性；粉尘必须悬浮在空气中并与空气混合达到爆炸浓度；有足以引起粉尘爆炸的点火能量。

（3）容器爆炸，是指压力容器内的物质在化学反应或外部热量的作用下，急剧膨胀超过容器本身承压能力，发生能量释放，并产生声响的现象。如油罐、液化气钢瓶的爆炸。火场上的容器爆炸，多数是在外部加热的情况下发生的。

（五）常见的燃烧产物

燃烧产物通常是指燃烧生成的气体、热量和可见烟。常见的燃烧产物主要有以下几种：

（1）二氧化碳。二氧化碳是完全燃烧的产物，它不能再行燃烧，是一种无色气体。在空气中二氧化碳含量达到3%时，人会感觉呼吸困难，脉搏、血压升高；达到5%时，人会喘不过气来，30 min 内引起中毒；达到7%～10%时，人在数分钟之内会失去知觉，甚至死亡。

（2）一氧化碳。一氧化碳是不完全燃烧的产物，它能再次燃烧，是一种无色无味而有强烈毒性的可燃气体。一氧化碳毒性大，人体吸入后，取代血液里的氧血红素，形成一氧化碳血红素，导致人体严重缺氧。空气中一氧化碳含量达到0.1%时，1 h后人会头痛、呕吐；达到0.5%时，20～30 min有死亡危险；达到1%时，呼吸数次就会失去知觉，1～2 min就会中毒死亡。

（3）烟灰。烟灰是不完全燃烧的产物，是沾在烟道壁上和悬浮在空气中还能燃烧的细粒。

（4）灰渣。灰渣是完全燃烧和不完全燃烧的物质，由炭粒、炭灰构成。

（六）火灾

根据《消防词汇第1部分：通用术语》（GB／T 5907.1—2014），火灾是指在时间或空间上失去控制的燃烧所造成的灾害。

1. 火灾的类型划分

（1）A类火灾：固体物质火灾。这种物质通常具有有机物性质，一般在燃烧时能产生灼热的余烬，如木材、棉、毛、麻、纸张火灾。

（2）B类火灾：液体或可熔化固体物质火灾。如汽油、煤油、原油、甲醇、乙醇、沥青、石蜡火灾。

（3）C类火灾：气体火灾。如煤气、天然气、甲烷、乙烷、丙烷、氢等引起的火灾。

（4）D类火灾：金属火灾。如钾、钠、镁、钛、锆、锂、铝镁合金火灾。

（5）E类火灾：带电火灾。物体带电燃烧的火灾。

（6）F类火灾：烹饪器具内的烹饪物（如动、植物油脂）火灾。

2.火灾的传播方式

物质燃烧放出的热能通常是以热传导、热辐射和热对流三种方式向外传播的。

（1）热传导。热从物体的一部分传到另一部分的现象称为热传导。

（2）热辐射。以辐射线传播热能的现象称为热辐射。

（3）热对流。依靠热微粒传播热能的现象称为热对流。

3.火灾的等级分类

火灾分为特别重大火灾、重大火灾、较大火灾和一般火灾四个等级（"以上"含本数，"以下"不含本数）。

（1）特别重大火灾：是指造成30人以上死亡，或者100人以上重伤，或者1亿元以上直接财产损失的火灾。

（2）重大火灾：是指造成10人以上30人以下死亡，或者50人以上100人以下重伤，或者5000万元以上1亿元以下直接财产损失的火灾。

（3）较大火灾：是指造成3人以上10人以下死亡，或者10

人以上 50 人以下重伤，或者 1000 万元以上 5000 万元以下直接财产损失的火灾。

（4）一般火灾：是指造成3人以下死亡，或者10人以下重伤，或者1000万元以下直接财产损失的火灾。

二、爆炸

爆炸是物质从一种状态迅速转变成另一种状态，在瞬间放出大量能量产生高温，并放出大量气体，同时产生声响的现象。火灾过程有时会发生爆炸，从而对火势的发展及人员安全产生重大影响，爆炸发生后往往又易引发大面积火灾。

由于物质急剧氧化或分解反应产生温度、压力增加或两者同时增加的现象，称为爆炸。爆炸是由物理变化和化学变化同时引起的，在发生爆炸时，势能（化学能或机械能）突然转变为动能，释放出高压气体，这些高压气体随之做机械功，如移动、改变或抛射周围的物体。一旦发生爆炸，将会对邻近的物体产生极大的破坏作用，这是由于构成爆炸体系的高压气体作用到周围物体上，使物体受力不平衡，从而遭到破坏。

（一）爆炸的类型划分

按物质产生爆炸的原因和性质分类，通常将爆炸分为物理爆炸、化学爆炸和核爆炸三种，其中，物理爆炸和化学爆炸最为常见。

1.物理爆炸

物理爆炸是指物质因状态变化导致压力发生突变而形成的爆炸。物理爆炸的特点是前后物质的化学成分均不改变，如蒸汽锅炉因水快速汽化，容器压力急剧增加，压力超过设备所能承受的强度而发生的爆炸；压缩气体或液化气钢瓶、油桶受热爆炸等。

物理爆炸本身虽没有进行燃烧反应，但它产生的冲击力可直接或间接地造成火灾。

2.化学爆炸

化学爆炸是指由于物质急剧氧化或分解产生温度、压力增加或两者同时增加而形成的爆炸现象。化学爆炸前后，物质的化学成分和性质均发生了根本的变化，这种爆炸速度快，爆炸时产生大量热能和很大的气体压力，并发出巨大的声响。化学爆炸能直接造成火灾，具有很大的火灾危险性。各种炸药的爆炸和气体、液体蒸气及粉尘与空气混合后形成的爆炸都属于化学爆炸，特别是后一种爆炸几乎存在于工业、交通、生活等各个领域，危害性很大，应特别注意。

（1）炸药爆炸。炸药是为了完成可控制爆炸而特别设计制造的物质，其分子中含有不稳定的基团，绝大多数炸药本身含有能产生氧气的物质，不需要外界提供氧就能爆炸，但炸药爆炸需要外界引火源引起，其爆炸一旦失去控制，将会造成巨大灾难。炸药爆炸与属于分散体系的气体或粉尘爆炸不同，它属于凝聚体系爆炸。化学反应速度极快，可在万分之一秒甚至更短的时间内完成爆炸，放出大量的热。爆炸时的反应热达到数千到上万千焦，温度可达数千摄氏度并产生高压，能在瞬间由固体迅速转变为大量的气体，使体积成百倍增加。

炸药在空气中爆炸时，对周围介质的破坏作用主要有三个：①爆炸产物的直接作用，即指高温、高压、高能量密度产物的直接膨胀冲击作用，一般爆炸产物只在爆炸中心的近距离内起作用。②冲击波的作用，空气冲击波是一种具有巨大能量的超音速压力波，是爆炸时起主要破坏作用的物质，离爆炸中心越近，破坏作用越强。③外壳破片的分散杀伤作用。

（2）可燃气体爆炸。可燃气体爆炸是指物质以气体、蒸气状态所发生的爆炸。气体爆炸由于受体积能量密度的制约，造成大多数气态物质在爆炸时产生的爆炸压力分散在 5 ~ 10 倍于爆炸前的压力范围内，爆炸威力相对较小。

按爆炸原理，气体爆炸包括混合气体爆炸、气体单分解爆炸两种：①混合气体爆炸，是指可燃气（或液体蒸气）和助燃性气体的混合物在引火源作用下发生的爆炸，较为常见。可燃气与空气组成的混合气体遇火源能否发生爆炸，与混合气体中的可燃气浓度有关。可燃气与空气组成的混合气体遇火源能发生爆炸的浓度范围称为爆炸极限。②气体单分解爆炸，是指单一气体在一定压力作用下发生分解反应并产生大量反应热，使气态物膨胀而引起的爆炸。气体单分解爆炸的发生需要满足一定的压力和分解热的要求。能使单一气体发生爆炸的最低压力值称为临界压力。单分解爆炸气体物质压力高于临界压力且分解热足够大时，才能维持热与火焰的迅速传播而造成爆炸。

（3）可燃粉尘爆炸。粉尘是指分散的固体物质，粉尘爆炸是指悬浮于空气中的可燃粉尘触及明火或电火花等火源时发生的爆炸现象。可燃粉尘爆炸应具备以下三个条件：粉尘本身具有爆炸性、粉尘必须悬浮在空气中并与空气混合到爆炸浓度、有足以引起粉尘爆炸的火源。

粉尘爆炸由三步发展形成：第一步是悬浮的粉尘在热源作用下迅速地干馏或汽化而产生出可燃气体；第二步是可燃气体与空气混合而燃烧；第三步是粉尘燃烧释放出的热量，以热传导和火焰辐射的方式传给附近悬浮的或被吹扬起来的粉尘，这些粉尘受热汽化后使燃烧循环地进行下去。随着每个循环的逐次进行，其反应速度逐渐加快，通过剧烈的燃烧，最后形成爆炸。这种爆炸反应以及爆炸火焰传播速度、爆炸波传播速度、爆炸压力等将持续加快和升高，并呈跳跃式的发展。

粉尘爆炸的特点：①连续性爆炸是粉尘爆炸的最大特点，因初始爆炸将沉积粉尘扬起，在新的空间中形成更多的爆炸性混合物而再次爆炸。②粉尘爆炸所需的最小点火能量较高，一般在几十毫焦耳以上，而且热表面点燃较为困难。③与可燃气体爆炸相比，粉尘爆炸压力上升较缓慢，较高压力持续时间长，释放的能量大，破坏力强。

各类可燃性粉尘因其燃烧热的高低、氧化速度的快慢、带电的难易、含挥发物的多少而具有不同的燃烧爆炸特性。但从总体看，粉尘爆炸受以下几个条件制约：①颗粒的尺寸。颗粒越细小其比表面积越大，氧吸附也越多，在空中悬浮时间越长，爆炸危险性越大。②粉尘浓度。粉尘爆炸与可燃气体、蒸气一样，也有一定的浓度极限，即也存在粉尘爆炸的上、下限，单位用 g/m^3 表示。粉尘的爆炸上限值很大，例如糖粉的爆炸上限为 $13500g/m^3$，如此高的悬浮粉尘浓度只有沉积粉尘受冲击波作用才能形成。③空气的含水量。空气中含水量越高，粉尘的最小引爆能量越高。④含氧量。随着含氧量的增加，爆炸浓度极限范围扩大。⑤可燃气体含量。有粉尘的环境中存在可燃气体时，会大大增加粉尘爆炸的危险性。

3.核爆炸

核爆炸是指核武器或核装置在几微秒的瞬间释放出大量能量的过程。为了便于和普通炸药比较，核武器的爆炸威力，即爆炸释放的能量，用释放相当能量的 TNT 炸药的重量表示，称为 TNT 当量。核反应释放的能量能使反应区（又称活性区）介质温度升高到数千万开，压强增到几十亿大气压（1 大气压等于101325 Pa），成为高温高压等离子体。反应区产生的高温高压等离子体辐射 X 射线，同时向外迅猛膨胀并压缩弹体，使整个弹体也变成高温高压等离子体并向外迅猛膨胀，发出光辐射，接着形成冲击波（即激波）向远处传播。

原子弹、氢弹、中子弹的爆炸都属于核爆炸。

（二）爆炸极限

爆炸极限一般认为是物质发生爆炸必须具备的浓度范围。对于可燃气体、液体蒸气和粉尘等不同形态的物质，通常以与空气混合后的体积分数或单位体积中的质量等来表示遇火源会发生爆炸的最高或最低的浓度范围，称为爆炸浓度极限，简称爆炸极限。能引起爆炸的最高浓度称为爆炸上限，能引起爆炸的最低浓度称为爆炸下限，爆炸上限和下限之间的间隔称为爆炸范围。

1.气体与液体蒸气的爆炸极限

气体与液体蒸气的爆炸极限通常用体积分数（％）表示，不同的物质由于其理化性质不同，其爆炸极限也不同。即使是同一种物质，在不同的外界条件下，其爆炸极限也不同。通常，在氧气中的爆炸极限要比在空气中的爆炸极限范围宽。除助燃物条件外，对于同种可燃气体，其爆炸极限受以下几个方面影响：

（1）火源能量的影响。引燃可燃混气的火源能量越大，可燃混气的爆炸极限范围越宽，爆炸危险性越大。

（2）初始压力的影响。可燃混气初始压力增加，爆炸范围增大，爆炸危险性增加。值得注意的是，干燥的一氧化碳和空气的混合气体，压力上升，其爆炸极限范围缩小。

（3）初温对爆炸极限的影响。可燃混气初温越高，混气的爆炸极限范围越宽，爆炸危险性越大。

（4）惰性气体的影响。可燃混气中加入惰性气体，会使爆炸极限范围变窄，一般情况下，上限降低，下限变化比较复杂。当加入的惰性气体超过一定量以后，任何比例的可燃混气均不能发生爆炸。

2.可燃粉尘的爆炸极限

可燃粉尘的爆炸极限通常用单位体积中粉尘的质量（g/m^3）表示。因为可燃粉尘爆炸浓度上限太大，以致在多数场合都不会达到，所以没有实际意义，通常只应用粉尘的爆炸下限。可燃粉尘的爆炸极限的规律如下：

（1）粉尘粒径越小，爆炸下限越低。

（2）氧浓度越高，爆炸下限越低。

（3）可燃挥发分含量越高，粉尘爆炸下限越低。

（三）爆炸混合物浓度与危险性的关系

爆炸性混合物在不同浓度时发生爆炸所产生的压力和放出的热量不同，因而具有的危险性也不同。

在爆炸下限时，爆炸压力一般不会超过 4×105 Pa，放出的热量不多，爆炸温度不高。

随着爆炸性混合物中可燃气体或液体蒸气浓度的增加，爆炸产生的热量增多，压力增大。

当混合物中可燃物质的浓度增加到稍高于化学计量浓度时，

可燃物质与空气中的氧发生充分反应，所以爆炸放出的热量最多，产生的压力最大。

当混合物中可燃物质浓度超过化学计量浓度时，爆炸放出的热量和爆炸压力随可燃物质浓度的增加而降低。

（四）爆炸极限在消防工作中的应用

物质的爆炸极限是正确评价生产、储存过程的火灾危险程度的主要参数，是建筑、电气和其他防火安全技术的重要依据。控制可燃性物质在空间的浓度低于爆炸下限或高于爆炸上限，是保证安全生产、储存、运输、使用的基本措施之一。爆炸极限在消防工作中的具体应用有以下几个方面：

（1）爆炸极限是评定可燃气体火灾危险性大小的依据，爆炸范围越大，下限越低，火灾危险性就越大。

（2）爆炸极限是评定气体生产、储存场所火险类别的依据，也是选择电气防爆形式的依据。生产、储存爆炸下限小于10%的可燃气体的工业场所，应选用隔爆型防爆电气设备；生产、储存爆炸下限大于或等于10%的可燃气体的工业场所，可选用任一防爆型电气设备。

（3）根据爆炸极限可以确定建筑物耐火等级、层数、面积、防火墙占地面积、安全疏散距离和灭火设施。

（4）根据爆炸极限确定安全操作规程。例如，采用可燃气体或蒸气氧化法生产时，应使可燃气体或蒸气与氧化剂的配比处于爆炸极限范围以外，若处于或接近爆炸极限范围进行生产时，应充惰性气体稀释和保护。

（五）爆炸危险源

发生爆炸必须具备两个基本要素：一是爆炸介质，二是引爆能源，两个基本要素两者缺一不可。在生产中，爆炸危险源可从潜在的爆炸危险性、存在条件及触发因素等几个方面来确定，具体包括能量与危险物质、物的不安全状态、人的不安全行为以及管理缺陷等。

1.引起爆炸事故的直接原因

通常，引起爆炸事故的直接原因主要有物料、作业行为、生产设备、生产工艺。

（1）物料。生产中使用的原料、中间体和产品大多是存在火灾、爆炸危险性的可燃物。由于工作场所过量堆放物品，对易燃易爆危险品没有安全防护措施，产品下机后不待冷却便入库堆积，不按规定掌握投料数量、投料比、投料先后顺序，控制失误或设备故障造成物料外溢，生产粉尘或可燃气体达到爆炸极限等原因，均会酿成爆炸事故。

（2）作业行为。作业行为导致爆炸的原因：违反操作规程、违章作业、随意改变操作控制条件；生产和生活用火不慎，乱用炉火、灯火、乱丢未熄灭的火柴梗、烟蒂；判断失误、操作不当，对生产出现超温、超压等异常现象束手无策；不按科学态度指挥生产、盲目施工、超负荷运转等。

（3）生产设备。由于设备缺陷导致产生火灾的原因：选材不当或材料质量有问题，而致设备存在先天性缺陷；由于结构设计不合理，零部件选配不当，而致设备不能满足工艺操作的要求；由于腐蚀、超温、超压等而致出现破损、失灵、机械强度下降、运转摩擦部件过热等。

（4）生产工艺。生产工艺原因主要表现为：物料的加热方式方法不当，致使引燃引爆物料；对工艺性火花控制不力而致形成引火源；对化学反应型工艺控制不当，致使反应失控；对工艺参数的控制失灵，而致出现超温、超压现象。

除此之外，人为的故意放火，停水、停电、毁坏设备，以及地震、台风、雷击等自然灾害也同样可能会引发爆炸。

2.常见的爆炸引火源

引火源是发生爆炸的必要条件之一，常见引起爆炸的引火源主要有机械火源、热火源、电火源及化学火源。

（1）机械火源。撞击、摩擦产生火花，如机器上转动部分的摩擦，铁器的互相撞击或铁制工具打击混凝土地面，带压管道或铁制容器的开裂等，都可能产生高温或火花，成为爆炸的起因。

（2）热火源。①高温表面。生产工艺的加热装置，高温物料的传送管线、高压蒸汽管线及高温反应塔、器等设备表面温度都比较高，可燃物料与这些高温表面接触时间过长，就有可能引发燃烧式爆炸事故。②日光照射。直射的太阳光，通过凸透镜、凹面镜、圆形玻璃瓶、有气泡的平板玻璃等，会聚焦形成高温焦点，可能点燃可燃性物质引起燃烧和爆炸。

（3）电火源。①电火花。电气方面形成的火源，一般是指电气开关合闸、断开时产生的火花电弧，或由于电气设备短路、过载、接触不良或其他原因产生的电火花、电弧或危险温度。②静电火花。静电指的是相对静止的电荷，是一种常见的带电现象。在一定条件下两种不同物质（其中至少有一种为电介质）相互接触、摩擦，就可能产生静电并积聚起来产生高电压。若静电能量以火花形式发出，则可能成为火源，引起爆炸事故。物质能否产生静电并积聚起来，主要取决于物质的电阻率和相对介电常数。在工业生产过程中，撕裂、剥离、拉伸、撞击、粉碎、筛分、滚压、搅拌、输送、喷涂和过滤物料，还有气、液体的流动、溅泼、喷射等各种操作，都可能产生静电。③雷电。雷电所产生的火花温度之高可熔化金属，也是引起爆炸事故的原因之一。

（4）化学火源。化学火源有明火、化学反应热等。生产过程中的明火主要是指加热用火、维修用火及其他火源；烟头、火柴、烟囱飞火、机动车辆排气管喷火都可能引起可燃物料的燃烧和爆炸。

3.最小点火能量

最小点火能量也称为引燃能、最小火花引燃能或者临界点火能，是指使可燃气体和空气的混合物起火所必需的能量临界值，是引起一定浓度可燃物质或爆炸所需要的最小能量，目前采用毫焦（mJ）作为最小点火能量的单位。

混合气体的浓度对点火能量有较大影响，通常可燃气体浓度高于化学计量浓度时，所需点火能量最小；或点火源的能量小于最小能量，可燃物就不能着火。因此，最小点火能量是一个衡量可燃气体、蒸气、粉尘燃烧爆炸危险性的重要参数。对于释放能量很小的撞击摩擦火花、静电火花，其能量是否大于最小点火能量是判定其能否作为火源引发火灾爆炸事故的重要条件。

第二节 危险化学品基础知识

危险化学品是指具有毒害、腐蚀、爆炸、燃烧、助燃等性质，对人体、设施、环境具有危害的剧毒化学品和其他化学品。

一、危险化学品的类型划分

危险化学品品种繁多，危险化学品的分类是一个比较复杂的问题。根据现行标准，可以有以下不同的分类方法。

（一）按危险货物的危险性或最主要危险性划分

根据国家标准《危险货物分类和品名编号》（GB 6944—2012）和《危险货物品名表》（GB 12268—2012），可以将危险化学品分成以下九大类：

（1）爆炸品。爆炸品是指在外界条件作用下（如受热、摩擦、撞击等）能发生剧烈的化学反应，瞬间产生大量的气体和热量，使周围的压力急剧上升，发生爆炸，对周围环境、设备、人员造成破坏和伤害的物品。包括爆炸性物质、爆炸性物品和为产生爆炸或烟火实际效果而制造的前述两项中未提及的物质或物品。

（2）气体。气体是指在50℃时，蒸气压力大于300 kPa的物质或20℃时在101.3 kPa标准压力下完全是气态的物质。气体包括压缩气体、液化气体、溶解气体和冷冻液化气体、一种或多种气体与一种或多种其他类别物质的蒸气的混合物、充有气体的物品和烟雾剂。易燃气体是指在20℃和101.3 kPa条件下爆炸下限小于或等于13%的气体；或不论其爆燃性下限如何，其爆炸极限（燃烧范围）大于或等于12%的气体。

（3）易燃液体。易燃液体是指易燃的液体或液体混合物，或是在溶液或悬浮液中有固体的液体，其闭杯试验闪点不高于60℃，或其开杯试验闪点不高于65.6℃。易燃液体还包括：在温度等于或高于其闪点的条件下提交运输的液体；以液态在高温条件下运输或提交运输、并在温度等于或低于最高运输温度下放出易燃蒸气的物质。

（4）易燃固体、易于自燃的物质、遇水放出易燃气体的物质。易燃固体指燃点低，对热、撞击、摩擦敏感，易被外部火源点燃，迅速燃烧，能散发有毒烟雾或有毒气体的固体。易于自燃的物质指自燃点低，在空气中易于发生氧化反应放出热量，而自行燃烧的物品，如黄磷、二氯化钛等。遇水放出易燃气体的物质，指与水相互作用易变成自燃物质或能放出达到危险数量的易燃气体的物质，如金属钠、氢化钾等。

（5）氧化性物质和有机过氧化物。氧化性物质是指本身未必燃烧，但通常因放出氧可能引起或促使其他物质燃烧的物质，如氯酸铵、高锰酸钾等。有机过氧化物是指含有两价过氧基结构的有机物质，该类物质为热不稳定物质，可能发生放热的自加速分解，如过氧化苯甲酰、过氧化乙乙酮等。

（6）毒性物质和感染性物质。毒害物质是指经吞食、吸入或皮肤接触后可能造成死亡或严重受伤或健康损害的物质，如各种氰化物、砷化物、化学农药等。感染性物质是指已知或有理由认为含有病原体的物质。

（7）放射性物品。放射性物品是指任何含有放射性核素且其活度、浓度和放射性总活度都分别超过国家标准《放射性物质安全运输规程》（GB 11806—2019）规定的限值的物质。

（8）腐蚀性物品。腐蚀性物品是指通过化学作用使生物组织接触时造成严重损伤，或在渗漏时会严重损害甚至毁坏其他货物或运载工具的物质。

（9）杂项危险物质和物品（包括危害环境的物质）。杂项危险物质和物品是指存在危险但不能满足其他类别定义的物质和物品，如危害环境物质、高温物质和经过基因修改的微生物或组织。

（二）按化学品的危险性划分

根据国家标准《化学品分类和危险性公示通则》（GB

13690—2009），可以将危险化学品分为以下类别：

（1）爆炸物。爆炸物是指包括爆炸性物质（或混合物）和含有一种或多种爆炸性物质（或混合物）的爆炸性物品。爆炸性物质（或混合物）其本身能够通过化学反应产生气体，而产生气体的温度、压力和速度能对周围环境造成破坏。发火物质（或发火混合物）和包含一种或多种发火物质（或混合物）的烟火物品虽然不放出气体，但也纳入爆炸物范畴。

（2）易燃气体。易燃气体是指在20℃和101.3 kPa标准压力下，爆炸下限小于或等于13%的气体，或不论其爆炸下限如何，其爆炸极限（燃烧范围）大于或等于12%的气体。

（3）易燃气溶胶。易燃气溶胶是指气溶胶喷雾罐。该容器由金属、玻璃或塑料制成，不可重新灌装。内装强制压缩、液化或溶解的气体，包含或不包含液体、膏剂或粉末，配有释放装置，可使所装物质喷射出来，形成在气体中悬浮的固态或液态微粒或形成泡沫、膏剂或粉末或处于液态或气态。

（4）氧化性气体。氧化性气体是指一般通过提供氧气，比空气更能导致或促使其他物质燃烧的任何气体。

（5）压力下气体。压力下气体是指在压力等于或大于200kPa（表压）下装入贮器的气体，包括压缩气体、溶解气体、液化气体、冷冻液化气体。

（6）易燃液体。易燃液体是指闪点不高于93℃的液体。

（7）易燃固体。易燃固体是指容易燃烧或通过摩擦可能引燃或助燃的固体，为粉状、颗粒状或糊状物质。

（8）自反应物质或混合物。自反应物质或混合物是指即使没有氧（空气）也容易发生激烈放热分解的热不稳定液态或固态物质或者混合物。自反应物质或混合物如果在实验室试验中其组分容易起爆、迅速爆燃或在封闭条件下加热时显示剧烈效应，应视为具有爆炸性质。

（9）自燃液体。自燃液体是指即使数量小也能在与空气接触后 5 min 之内引燃的液体。

（10）自燃固体。自燃固体是指即使数量小也能在与空气接触后 5 min 之内引燃的固体。

（11）自热物质和混合物。自热物质是与空气反应不需要能源供应就能够自己发热的固体或液体物质或混合物。这类物质或混合物与发火液体或固体不同，因为这类物质只有数量很大（公斤级）并经过长时间（几小时或几天）才会燃烧。

（12）遇水放出易燃气体的物质或混合物。遇水放出易燃气体的物质或混合物是通过与水作用，容易具有自燃性或放出危险数量的易燃气体的固态或液态物质或混合物。

（13）氧化性液体。氧化性液体是指本身未必燃烧，但通常因放出氧气可能引起或促使其他物质燃烧的液体。

（14）氧化性固体。氧化性固体是指本身未必燃烧，但通常因放出氧气可能引起或促使其他物质燃烧的固体。

（15）有机过氧化物。有机过氧化物是热不稳定物质或混合物，容易放热自加速分解。有机过氧化物可能易于爆炸分解，迅速燃烧，对撞击或摩擦敏感，与其他物质发生危险反应。

（16）金属腐蚀剂。腐蚀金属的物质或混合物是通过化学作用显著损坏或毁坏金属的物质或混合物。

二、常用危险化学品的危险特性

（一）爆炸物

爆炸物的危险特性主要表现在当它受到摩擦、撞击、震动、高热或其他能量激发后，不仅能发生剧烈的化学反应，并在极短时间内释放出大量热量和气体导致爆炸性燃烧，而且燃爆突然，破坏作用强。

爆炸物的危险特性主要有爆炸性、敏感性、殉爆、毒害性等。

（二）易燃气体

（1）易燃易爆性。易燃气体的主要危险特性就是易燃易爆，处于燃烧浓度范围之内的易燃气体，遇着火源都能着火或爆炸，有的甚至只需极微小能量就可燃爆。易燃气体与易燃液体、固体相比，更容易燃烧，且燃烧速度快，一燃即尽。简单成分组成的气体比复杂成分组成的气体易燃、燃速快、火焰温度高、着火爆炸危险性大。

（2）扩散性。由于气体的分子间距大，相互作用力小，非常容易扩散，能自发地充满任何容器。气体的扩散与气体对空气的相对密度和气体的扩散系数有关。比空气轻的易燃气体，若逸散在空气中可以无限制地扩散与空气形成爆炸性混合物，并能够顺风飘移，迅速蔓延和扩展，遇火源则发生爆炸燃烧；比空气重的易燃气体，若泄漏出来时，往往聚集在地表、沟渠、隧道、房屋死角等处，长时间不散，易与空气在局部形成爆炸性混合物，遇到火源则发生燃烧或爆炸。同时，相对密度大的可燃性气体，一般都有较大的发热量，在火灾条件下易于造成火势扩大。

（3）物理爆炸性。易燃、可燃气体有很大的压缩性，在压力和温度的影响下，易于改变自身的体积。储存于容器内的压缩气体特别是液化气体，受热膨胀后，压力升高，当超过容器的耐压强度时，即会引起容器爆裂或爆炸。

（4）带电性。压力容器内的易燃气体（如氢气、乙烷、乙炔、天然气、液化石油气等），当从容器、管道口或破损处高速喷出，或放空速度过快时，由于强烈的摩擦作用，都容易产生静电而引起火灾或爆炸事故。

（5）腐蚀毒害性。腐蚀毒害性主要是一些含氢、硫元素的气体具有腐蚀作用。氢、氨、硫化氢等都能腐蚀设备，严重时可导致设备裂缝、漏气。压缩气体和液化气体，除了氧气和压缩空气外，大都具有一定的毒害性。

（6）窒息性。气体具有一定的窒息性（氧气和压缩空气除外），易燃易爆性和毒害性易引起注意，而窒息性往往被人忽视，尤其是不燃无毒气体，如二氧化碳，氮气，氦、氩等惰性气体，一旦发生泄漏，均能使人窒息死亡。

（7）氧化性。有些压缩气体氧化性很强，与可燃气体混合后能发生燃烧或爆炸的气体，如氯气与乙炔即可爆炸，氯气与氢气见光可爆炸，氟气遇氢气即爆炸，油脂接触氧气能自燃，铁在氧气、氯气中也能燃烧。

（三）易燃液体

（1）易燃性。由于易燃液体的沸点都很低，易燃液体很容易挥发出易燃蒸气，其闪点低、自燃点也低，且着火所需的能量极小。因此，易燃液体都具有高度的易燃易爆性，这是易燃液体的主要特性。

（2）蒸发性。易燃液体由于自身分子的运动，都具有一定的挥发性，挥发的蒸气易与空气形成爆炸性混合物。所以易燃液体存在着爆炸的危险性，挥发性越强，爆炸的危险性就越大。

（3）热膨胀性。易燃液体的膨胀系数一般都较大，储存在密闭容器中的易燃液体，受热后在本身体积膨胀的同时会使蒸气压力增加，容器内部压力增大，若超过了容器所能承受的压力限度，就会造成容器的鼓胀，甚至破裂。而容器的突然破裂，大量液体在涌出时极易产生静电火花从而导致火灾、爆炸事故。此外，对于沸程较宽的重质油品，由于其黏度大、油品中含有乳化水或悬浮状态的水或者在油层下有水层，发生火灾后，在热波作用下产生的高温层作用可能导致油品发生沸溢或喷溅。

（4）流动性。液体流动性的强弱，主要取决于液体本身的黏度。液体的黏度越小，其流动性就越强。黏度大的液体随着温度的升高，其流动性增强。易燃液体大都是黏度较小的液体，一旦泄漏，便会很快向四周流动扩散和渗透，扩大其表面积，加快蒸发速度，使空气中的蒸气浓度增加，火灾爆炸危险性增大。

（5）静电性。多数易燃液体在灌注、输送、流动过程中能够产生静电，静电积聚到一定程度时就会放电，引起着火或爆炸。

（6）毒害性。易燃液体大多本身或蒸气具有毒害性。不饱和、芳香族碳氢化合物和易蒸发的石油产品比饱和的碳氢化合物、不易挥发的石油产品的毒性大。

（四）易燃固体

（1）燃点低，易点燃。易燃固体由于其熔点低，受热时容易熔解蒸发或汽化，因而易着火，燃烧速度也较快，某些低熔点的易燃固体还有闪燃现象。易燃固体由于其燃点低，在能量较小的热源或受撞击、摩擦等作用下，会很快受热达到燃点而着火，且着火后燃烧速度快，极易蔓延扩大。

（2）遇酸、氧化剂易燃易爆。绝大多数易燃固体遇无机酸性腐蚀品、氧化剂等能够立即引起燃烧或爆炸，如萘与发烟硫酸接触反应非常剧烈，甚至会引起爆炸；红磷与氯酸钾、硫黄粉与过氧化钠或氯酸钾，稍经摩擦或撞击，都会引起燃烧或爆炸。

（3）自燃性。易燃固体的自燃点一般都低于易燃液体和气体的自燃点。由于易燃固体热解温度都较低，有的物质在热解过程中，能放出大量的热使温度上升到自燃点而引起自燃，甚至在绝氧条件下也能分解燃烧，一旦着火，燃烧猛烈、蔓延迅速。

（4）本身或燃烧产物有毒。很多易燃固体本身具有毒害性，或燃烧后能产生有毒的物质。如硫黄不仅与皮肤接触能引起中毒，而且其粉尘被吸入后，亦能引起中毒；又如硝基化合物等燃烧时会产生一氧化碳等有毒气体。

（五）自燃固体与自燃液体

（1）遇空气自燃性。大部分自燃物质的化学性质非常活泼，具有极强的还原性，接触空气后能迅速与空气中的氧化合，并产生大量热量，达到自燃点而着火。接触氧化剂和其他氧化性物质反应会更加剧烈，甚至爆炸。

（2）遇湿易燃易爆性。硼、锌、锑、铝的烷基化合物类的自燃物品，除在空气中能自燃外，遇水或受潮还能分解自燃或爆炸。

（3）积热分解自燃性。硝化纤维及其制品，不但由于本身含有硝酸根，化学性质很不稳定，在常温下就能缓慢分解放热，当堆积在一起或仓库通风不良时，分解产生的热量越积越多，当温度达到其自燃点就会引起自燃，火焰温度可达 $1200℃$，并伴有有毒和刺激性气体放出；而且由于其分子中含有 $-ONO_2$ 基团，具有较强的氧化性，一旦发生分解，在空气不足的条件下也会发生自燃，在高温下，即使没有空气也会因自身含有氧而分解燃烧。

（六）遇水放出易燃气体的物质

（1）遇水易燃易爆性。遇水易燃易爆性是遇湿易燃物品的共性,遇湿易燃物品遇水或受潮后,发生剧烈的化学反应使水分解,夺取水中的氧与之化合,放出可燃气体和热量。当可燃气体在空气中接触明火或反应放出的热量达到引燃温度时就会发生燃烧或爆炸。

(2)遇氧化剂、酸着火爆炸性。遇湿易燃物品遇氧化剂、酸性溶剂时,反应更剧烈,更易引起燃烧或爆炸。

(3)自燃危险性。有些遇湿易燃物品不仅有遇湿易燃性,而且还有自燃性。如金属粉末类的锌粉、铝镁粉等,在潮湿空气中能自燃,与水接触,特别是在高温下反应剧烈,能放出氢气和热量;碱金属、硼氢化物,放置于空气中即具有自燃性;有的(如氢化钾)遇水能生成易燃气体并放出大量的热量而具有自燃性。

(4)毒害性和腐蚀性。许多遇水易燃物品本身具有一定毒性和腐蚀性。

(七)氧化性物质

(1)强烈的氧化性。氧化性物质多数为碱金属、碱土金属的盐或过氧化基所组成的化合物,其氧化价态高,金属活泼性强,易分解,有极强的氧化性。氧化剂的分解主要有以下几种情况:受热或撞击摩擦分解、与酸作用分解、遇水或二氧化碳分解、强氧化剂与弱氧化剂作用复分解。

(2)可燃性。有机氧化剂除具有强氧化性外,本身还是可燃的,遇火会引起燃烧。

(3)混合接触着火爆炸性。强氧化性物质与具有还原性的物质混合接触后,有的形成爆炸性混合物,有的混合后立即引起燃烧;氧化性物质与强酸混合接触后会生成游离的酸或酸酐,呈现极强的氧化性,当与有机物接触时,能发生爆炸或燃烧;氧化性物质相互之间接触也可能引起燃烧或爆炸。

（八）有机过氧化物

（1）强氧化性。有机过氧化物由于都含有过氧基，所以表现出强烈的氧化性能，绝大多数都可作为氧化剂并且极易发生爆炸性自氧化分解反应。

（2）分解爆炸性。有机过氧化物的分解产物是活泼的自由基，由自由基参与的反应很难用常规的抑制方法扑救。

（3）易燃性。有机过氧化物本身是易燃的，而且燃烧迅速，可很快就转化为爆炸性反应。

（4）对碰撞或摩擦敏感。有机过氧化物中的过氧基是极不稳定的结构，对热、震动、碰撞、冲击或摩擦都极为敏感，当受到轻微的外力作用时就有可能发生分解爆炸。

（5）伤害性。有机过氧化物容易伤害眼睛，有的种类还具有很强的毒性。

有机过氧化物危险性的大小主要取决于过氧基含量和分解温度。

（九）毒性物质

大多数毒性物质遇酸、受热分解放出有毒气体或烟雾，其中有机毒害品具有可燃性，遇明火、热源与氧化剂会着火爆炸，同时放出有毒气体；液态毒害品还易于挥发、渗漏和污染环境。

（1）毒害性。毒性物质的毒害性主要表现为对人体或其他动物的伤害，引起人体或其他动物中毒的主要途径是呼吸道、消化道和皮肤，造成人体或其他动物发生呼吸中毒、消化中毒、皮肤中毒。

（2）火灾危险性。大多数有毒物品具有一定的火灾危险性，如无机有毒物品中，锑、汞、铅等金属的氧化物大都具有氧化性；有机毒品中有200多种是透明或油状易燃液体，具有易燃易爆性；大多数有毒品，遇酸或酸雾能分解并放出极毒的气体，有的气体不仅有毒，而且有易燃和自燃危险性，有的甚至遇水发生爆炸；芳香族含2、4位两个硝基的氯化物，萘酚、酚钠等化合物，遇高热、明火、撞击有发生燃烧爆炸的危险。

（十）腐蚀性物质

（1）腐蚀性。腐蚀性物质的腐蚀性主要体现在三个方面：一是对人体的伤害，二是对有机物的破坏，三是对金属的腐蚀性。

（2）毒害性。在腐蚀性物质中，有一部分能挥发出有强烈腐蚀和毒害性的气体。

（3）火灾危险性。腐蚀性物质的火灾危险性主要体现在三个方面：一是氧化性，二是易燃性，三是遇水分解易燃性。

第三节　水力学基础知识

一、水的性质分析

水是无嗅无味的液体，其不仅取用方便，分布广泛，在化学上呈中性，无毒，且冷却效果非常好。因此，水是最常用、最主要的灭火剂。

（一）水的基本性质

水有三种状态：固体、液体和气体。液体与固体的主要区别是液体容易流动，液体与气体的主要区别是液体体积不易压缩。水在常温下为液体，在常压下、水温超过100℃时，蒸发成气体。水温下降到0℃时，即凝结成固体称为冰。

1.水的比热容

水温升高1℃，单位体积的水需要吸收的热量，称为水的比热容。

若将水的比热容作为1，则其他液体的比热容均小于1，水比任何液体的比热容都大。1 L水温度升高1℃，需要吸收4200 J的热量。若将1 L常温的水（20℃）喷洒到火源处，使水温升到100℃，则要吸收热量336 kJ。

水的比热容大，因而用水灭火冷却效果最好。

2.水的汽化热

单位体积的水由液体变成气体需要吸收的热量称为水的汽化热，水的汽化热很大，1 L100℃的水，变成100℃的水蒸气，需要吸收2264 kJ的热量。将水喷洒到火源处，使水迅速汽化成蒸气，具有良好的冷却降温作用。

同时，水变成蒸气时体积扩大。1 L水变成水蒸气后体积扩大1725倍，且水蒸气是惰性气体，占据燃烧区空间，具有隔绝空气的窒息灭火作用。实验得知，水蒸气占燃烧区的体积达35%时，火焰即熄灭。

3.水的冰点

当温度下降到0℃时，纯净的水开始凝结成冰，释放出热量336 kJ/L。水结成冰，由液体状态变成固体状态，水分子间的距离增大，体积随之扩大。在冬季应对消防给水管道和储水容器进行保温，以免水结成冰时体积扩大，致使消防设备损坏。

处于流动状态的水不易结冰，因为水的部分动能将转化为热能。为了不使水带内的水冻结成冰，在冬季火场上，当消防队员需要转移阵地时，不要关闭水枪。若需要关闭时，应关小射流，使水仍处于流动状态。

（二）水的物理性质

在水力学中，与水运动有关的物理性质主要有惯性、密度、容重、黏滞性、压缩性和膨胀性等方面。

1.水的惯性、密度和容重

水与任何物体一样，具有惯性，惯性就是物体保持原有运动状态的特性。惯性的大小以质量来度量，质量愈大的物体，惯性也愈大。单位体积内物质所具有的质量称为密度，单位体积内物质所具有的重量称为容重。不同液体的密度和容重各不相同，同一种液体的密度和容重又随温度和压强而变化。

在正常大气压强条件下，水在4℃时容重最大，此时1 L纯净的水重1 kg。

2.水的黏滞性

当液体（水）在流动时，液体质点之间（水分子之间、水分子与固体壁面之间）存在着相对运动，质点间要产生内摩擦力抵抗其相对运动，即显示出黏滞性阻力，又称为黏滞力，水的这种阻抗变形运动的特性就称为黏滞性。当液体运动一旦停止，这种阻力就会立即消失。因此，黏滞性在液体静止或平衡时是不显示作用的。

如果水在管道或水带内流动要克服内摩擦力，就会产生能量的损失。本质上讲就是水自一断面流至另一断面损失的机械能，也称为水头损失。如果水头损失沿程都有并随沿程长度而增加的，就叫作沿程水头损失；如果由于局部的阀门、水表等引起水流流速分布改组过程中，液体质点相对运动加强，是内摩擦增加，产生较大能量损失，这种能量损失时发生在局部范围之内，就叫作局部水头损失。某一流段沿程水头损失和局部水头损失的总和称为总水头损失。

3.水的压缩性

液体不能承受拉力，但可以承受压力。液体受压后体积要缩小，压力撤除后也能恢复原状，这种性质称为液体的压缩性或弹性。水的体积随压力增加而减小的性质称为水的压缩性。根据实验，把温度为 20℃在 0.1 MPa 压力作用下的水体积作为 1。

水的压缩性很小，通常把水看成是不可压缩的液体，但对个别特殊情况，水的压缩性不能忽略。如水枪上的开关突然关闭时，会产生·种水击现象，在研究这一问题时，就必须考虑水的压缩性。

4.水的膨胀性

水的体积随水温升高而增大的性质称为水的膨胀性，在常压下 10 ~ 20℃的水，温度升高 1℃，水的体积增加万分之一点五；在常压下 70 ~ 95℃的水，温度升高 1℃，水的体积增加万分之六。

水的体积变化较小，因此在消防设计和火场供水中水的膨胀性均可忽略不计。

（三）水的化学性质

1.水的分解

水由氢、氧两元素组成。灭火时消防射流触及高温设备，水滴瞬间汽化，体积突然扩大，会造成物理性爆炸事故。当水蒸气温度继续上升超过 1500℃以上时，水蒸气将会迅速分解为氢气和氧气，反应如下所示：

$$2H_2O \rightarrow 2H_2+O_2$$

氢气为可燃气体，氧气为助燃气体，氢气和氧气相混合，形成混合气体，在高温下极易发生化学性爆炸，其爆炸范围广、爆炸威力大。若无可靠的防范措施，就会造成火灾爆炸事故。

2.水与活泼金属反应

水与活泼金属锂、钾、钠、锶、钾钠合金等接触，将发生强烈反应。这些活泼金属与水化合时，夺取水中的氧原子，放出氢气和大量的热量，使释放出来的氢气与空气中氧气相混合形成的爆炸性混合物，发生自燃或爆炸。

$$2Na+2H_2O \rightarrow 2NaOH+H_2+ 热量$$

3.水与金属粉末反应

水与锌粉、镁铝粉等金属粉末接触，在火场高温情况下反应较剧烈，放出氢气，会助长火势扩大和火灾蔓延。

$$Zn+H_2O \rightarrow ZnO+H_2$$

金属铝粉和镁粉相互混合的镁铝粉与水接触，比水单独与镁粉或铝粉接触反应强烈得多。水与镁粉或铝粉单独接触时，在反应过程中生成不溶于水的氢氧化铝和氢氧化镁沉淀，而氢氧化铝和氢氧化镁是不燃烧的薄膜，覆盖在金属表面，阻碍着铝粉和镁粉的继续燃烧。而水与镁铝粉接触，则同时生成偏铝酸镁。偏铝酸镁溶解于水，因而使镁铝粉表面不能形成不燃的薄膜，使水与镁铝粉无障碍地继续反应，放出氢气和大量的热量，这在火场上会助长燃烧或发生爆炸现象。

$$Mg（OH）_2+2Al（OH）_2 \rightarrow Mg（AlO_2）_2+4H_2$$

$$2Al+6H_2O \rightarrow Al（OH）_3+3H_2+ 热量$$

4.水与金属氢化物反应

水与氢化锂、氢化钠、四氢化锂铝、氢化钙、氢化铝等金属氢化物接触，氢化物中的金属原子与水中的氧原子结合，则氢化物和水中的氢原子放出，产生大量的氢气，会助长火势。

$NaH+H_2O \rightarrow NaOH+H_2+$ 热量

$AlH_3+3H_2O \rightarrow Al（OH）_3+3H_2$

由此可见，水与某些化学物质接触，有可能发生自燃，释放出可燃气体和大量热量以及有毒气体等，从而引起燃烧或爆炸。消防人员在扑救火灾时应根据物质的性质，采取相应的灭火剂。

二、水的灭火作用

根据水的性质，水的灭火作用主要有冷却、窒息、稀释、分离、乳化等方面，灭火时往往是几种作用的共同结果，但冷却发挥着主要作用。

（1）冷却作用。由于水的比热容大、汽化热高，而且水具有较好的导热性。因而，当水与燃烧物接触或流经燃烧区时，将被加热或汽化，吸收热量，从而使燃烧区温度大大降低，以致燃烧中止。

（2）窒息作用。水的汽化将在燃烧区产生大量水蒸气占据燃烧区，可阻止新鲜空气进入燃烧区，降低燃烧区氧的浓度，使可燃物得不到氧的补充，导致燃烧强度减弱直至中止。

（3）稀释作用。水本身是一种良好的溶剂，可以溶解水溶性甲、乙、丙类液体，如醇、醛、醚、酮、酯等。当此类物质起火后，如果容器的容量允许或可燃物料流散，可用水予以稀释。由于可燃物浓度降低而导致可燃蒸气量的减少，使燃烧减弱。当可燃液体的浓度降到可燃浓度以下时，燃烧即行中止。

（4）分离作用。经灭火器具（尤其是直流水枪）喷射形成的水流有很大的冲击力，这样的水流遇到燃烧物时将使火焰产生分离，这种分离作用一方面使火焰"端部"得不到可燃蒸气的补充，另一方面使火焰"根部"失去维持燃烧所需的热量，使燃烧中止。

（5）乳化作用。非水溶性可燃液体的初起火灾，在未形成热波之前，以较强的水雾射流或滴状射流灭火，可在液体表面形成"油包水"型乳液，乳液的稳定程度随可燃液体黏度的增加而增加，重质油品甚至可以形成含水油泡沫。水的乳化作用可使液体表面受到冷却，使可燃蒸气产生的速率降低，致使燃烧中止。

三、消防射流

（一）消防射流的常见形式

消防射流是指灭火时由消防射水器具喷射出来的高速水流。常见的射流类型有密集射流和分散射流两种类型。

（1）密集射流。高压水流经过直流水枪喷出，形成结实的射流称为密集射流。密集射流靠近水枪口处的射流密集而不分散，离水枪口较远处的射流逐渐分散。密集射流耗水量大，射程远，冲击力大，机械破坏力强。建（构）筑物室内消火栓给水系统中配备的直流水枪和消防车上使用的直流水枪，都是以密集射流扑救火灾。

（2）分散射流。高压水流经过离心作用、机械撞击或机械强化作用，使水流分散成点滴状态离开消防射水器具，形成扩散状或幕状射流称为分散射流。分散射流根据其水滴粒径大小又分为喷雾射流和开花射流两种类型。

（二）消防射水器具

消防射水器具是把水按需要的形状有效地喷射到燃烧物上的

灭火器具，包括消防水枪和消防水炮。

（1）消防水枪。消防水枪是指由单人或多人携带和操作的以水作为灭火剂的喷射管枪，消防水枪根据射流形式和特征不同可分为直流水枪、喷雾水枪、开花水枪、多用水枪等。

（2）消防水炮。消防水炮是大型号的消防水枪，与水枪的最大差异在于其非手持性。习惯上将流量大于 16 L/s 的射水设备定义为消防水炮。消防水炮一般安装在消防车、消防艇或油罐区、港口码头、大空间等场所。当发生大规模、大面积火灾时，由于强烈的热辐射和浓烟使消防员难以接近火源实施射水活动，或遇大风消防水枪射流会被冲散，在这些情况下，需要采用流量大、有效射程远的消防水炮进行灭火。

第二章　建筑防火

当代人们的生活大都是在建筑内进行活动，对此建筑的安全性受到人们的广泛关注。由于建筑结构的复杂性，其中人员密集、设备繁多容易造成火灾事故的发生，加大了救援工作和人员疏散的难度。本章对防火防烟分区分隔、建筑电气防火、建筑防爆、建筑设备防火防爆、灭火救援设施进行重点论述。

第一节　防火防烟分区分隔

一、民建与工建防火防烟分区分隔

（一）民建与工建防火分区分隔

1.防火分区分隔要求

（1）厂房防火分区之间应采用防火墙分隔，除甲类厂房外的一、二级耐火等级厂房，当其防火分区的建筑面积大于规范规定，且设置防火墙确有困难时，可采用防火卷帘或防火分隔水幕分隔。

（2）仓库内的防火分区之间必须采用防火墙分隔，甲、乙类仓库内防火分区之间的防火墙不应开设门、窗、洞口；地下或半地下仓库（包括地下或半地下室）的最大允许占地面积，不应大于相应类别地上仓库的最大允许占地面积。

（3）民用建筑防火分区之间应采用防火墙分隔，如果因使用功能需要不能采用防火墙分隔时，可以采用防火卷帘、防火分隔水幕、防火玻璃或防火门进行分隔，但要认真研究其与防火墙的等效性。

2.防火分区面积设置

（1）厂房内设置自动灭火系统时，每个防火分区的最大允许建筑面积可按照规范规定增加1倍。当丁、戊类的地上厂房内设置自动灭火系统时，每个防火分区的最大允许建筑面积不限。厂房内局部设置自动灭火系统时，其防火分区的增加面积可按该局部面积的1倍计算。

（2）仓库内设置自动灭火系统时，除冷库的防火分区外，每座仓库的最大允许占地面积和每个防火分区的最大允许建筑面积可按照规范规定增加1倍。

（3）当建筑内设置自动灭火系统时，民用建筑防火分区最大允许建筑面积可按照规定增加1倍；局部设置时，防火分区的增加面积可按照该局部面积的1倍计算。

（4）裙房与高层建筑主体之间设置防火墙时，裙房的防火分区可按照单、多层建筑的要求确定。

（5）商店营业厅。一、二级耐火等级建筑内的商店营业厅、展览厅，当设置自动灭火系统和火灾自动报警系统并采用不燃或难燃装修材料时，其每个防火分区的最大允许建筑面积应符合规定：①设置在高层建筑内时，不应大于4000 m^2。②设置在单层建筑或仅设置在多层建筑的首层内时，不应大于10000 m^2。③设置在地下或半地下时，不应大于2000 m^2。

（6）物流建筑防火要求。当建筑功能以分拣、加工等作业为主时，应按照规范有关厂房的规定确定，其中仓储部分应按照中间仓库确定。当建筑功能以仓储为主或建筑难以区分主要功能时，应按照规范有关仓库的规定确定，但当分拣等作业区采用防火墙与储存区完全分隔时，作业区和储存区的防火要求可分别按照规范有关厂房和仓库的规定确定。当分拣等作业区采用防火墙与储存区完全分隔，建筑内全部设置自动水灭火系统和火灾自动报警系统，且符合相关条件时，除自动化控制的丙类高架仓库外，储存区的防火分区最大允许建筑面积和储存区部分建筑的最大允许占地面积，可按照规范规定增加 3 倍。

（二）民建防烟分区分隔

（1）设置排烟系统的场所或部位应采用挡烟垂壁、结构梁及隔墙等划分防烟分区，防烟分区不应跨越防火分区。

（2）挡烟垂壁等挡烟分隔设施的深度不应小于规范规定的储烟仓厚度。对于有吊顶的空间，当吊顶开孔不均匀或开孔率小于或等于 25% 时，吊顶内空间高度不得计入储烟仓厚度。

（3）当采用自然排烟方式时，储烟仓的厚度不应小于空间净高的 20%，且不应小于 500 mm；当采用机械排烟方式时，不应小于空间净高的 10%，且不应小于 500 mm。同时储烟仓底部距地面的高度应大于安全疏散所需的最小清晰高度。

（4）设置排烟设施的建筑内，敞开楼梯和自动扶梯穿越楼板的开口部应设置挡烟垂壁等设施。

（5）公共建筑、工业建筑防烟分区的最大允许面积及其长边最大允许长度应符合下表的规定，当工业建筑采用自然排烟系统时，其防烟分区的长边长度尚不应大于建筑内空间净高的 8 倍。公共建筑、工业建筑中的走道宽度不大于 2.5 m 时，其防烟分区的长边长度不应大于 60 m；当空间净高大于 9 m 时，防烟分区之间可不设置挡烟设施。

二、其他场所防火防烟分区分隔

（一）其他场所防火分区分隔

1.人防工程防火分区

（1）人防工程内应采用防火墙划分防火分区，当采用防火墙确有困难时，可采用防火卷帘、防火分隔水幕等防火分隔设施分隔。

（2）防火分区应在各安全出口处的防火门范围内划分；水泵房、污水泵房、水池、厕所、盥洗间等无可燃物的房间，其面积可不计入防火分区的面积之内；与柴油发电机房或锅炉房配套的水泵间、风机房、储油间等，应与柴油发电机房或锅炉房一起划分为一个防火分区；防火分区的划分宜与防护单元相结合；工程内设置有旅店、病房、员工宿舍时，不得设置在地下二层及以下层，并应划分为独立的防火分区，且疏散楼梯不得与其他防火分区的疏散楼梯共用。

（3）每个防火分区的允许最大建筑面积，除规范另有规定者外，不应大于 500 m²。当设置有自动灭火系统时，允许最大建筑面积可增加 1 倍；局部设置时，增加的面积可按该局部面积的 1 倍计算。

（4）商业营业厅、展览厅等，当设置有火灾自动报警系统和自动灭火系统，且采用 A 级装修材料装修时，防火分区允许最大建筑面积不应大于 2000 m²；电影院、礼堂的观众厅，防火分区允许最大建筑面积不应大于 1000 m²。当设置有火灾自动报警系统和自动灭火系统时，其允许最大建筑面积也不得增加；溜冰馆的冰场、游泳馆的游泳池、射击馆的靶道区、保龄球馆的球道区等，其面积可不计入溜冰馆、游泳馆、射击馆、保龄球馆的防火分区面积内。溜冰馆的冰场、游泳馆的游泳池、射击馆的靶道区等，其装修材料应采用 A 级。

（5）人防工程内设置有内挑台、走马廊、开敞楼梯和自动扶梯等上下连通层时，其防火分区面积应按上下层相连通的面积计算，其建筑面积之和应符合本规范的有关规定，且连通的层数不宜大于 2 层。

2.汽车库防火分区

（1）汽车库防火分区的最大允许建筑面积应符合《汽车库、修车库、停车场设计防火规范》（GB50067-2014）中的相关规定。其中，敞开式、错层式、斜楼板式汽车库的上下连通层面积应叠加计算，每个防火分区的最大允许建筑面积不应大于上述规范规定的 2 倍；室内有车道且有人员停留的机械式汽车库，其防火分区最大允许建筑面积应按下表规定减少 35%。

（2）除规范另有规定外，防火分区之间应采用符合规范规定的防火墙、防火卷帘等分隔。

（3）设置自动灭火系统的汽车库，其每个防火分区的最大允许建筑面积不应大于规范规定的 2 倍。

（4）甲、乙类物品运输车的汽车库、修车库，每个防火分区的最大允许建筑面积不应大于 500 m²。

（5）修车库每个防火分区的最大允许建筑面积不应大于 2000 m²，当修车部位与相邻使用有机溶剂的清洗和喷漆工段采用防火墙分隔时，每个防火分区的最大允许建筑面积不应大于 4000 m²。

（二）其他场所防烟分区分隔

1.人防工程防烟分区

（1）需设置排烟设施的部位，应划分防烟分区，每个防烟分区的建筑面积不宜大于 500 m²，但当从室内陆面至顶棚或顶板的高度在 6 m 以上时，可不受此限。

（2）防烟分区不得跨越防火分区。

（3）需设置排烟设施的走道、净高不超过 6 m 的房间，应采用挡烟垂壁、隔墙或从顶棚突出不小于 0.5 m 的梁划分防烟分区。

2.汽车库防烟分区

（1）除敞开式汽车库、建筑面积小于 1000 m² 的地下一层汽车库和修车库外，汽车库、修车库应设置排烟系统，并应划分防烟分区。

（2）防烟分区的建筑面积不宜大于 2000 m²，且防烟分区不应跨越防火分区。防烟分区可采用挡烟垂壁、隔墙或从顶棚下突出不小于 0.5 m 的梁划分。

第二节　建筑电气防火

由于电气方面原因产生火源而引起火灾，称为电气火灾。为了抑制电气火源的产生而采取的各种技术措施和安全管理措施，称为电气防火。

导致电气火灾的原因有许多，如电气过载，短路、电弧火花，接触不良，漏电、静电或雷电等。从电气防火角度看，电气火灾大都是因电气线路和设备的安装或使用不当、电器产品质量差、雷击或静电以及管理不善等造成的。

一、电气过载

电气过载是一种电气设备过载现象，当电气设备上所加的电流或电压超过限定值时所产生过多的热量对其造成的损害。正常情况下，电流通过导体都会使导体发热，其发热量与导体的电阻和电流的平方成正比。在安全载流量下，其发热量会和散热量达到平衡，但当过载时，导体的发热量远大于散热量，就会造成导体和绝缘物局部过热，达到一定温度时，就会引起火灾。

（一）电气过载的原因

（1）设计、安装时选型不正确，使电气设备的额定容量小于实际负载容量。

（2）设备或导线随意装接，增加负荷，造成超载运行。

（3）检修、维护不及时，使设备或导线长期处于"带病"运行状态。

（4）供电电源电压不稳或因故障造成失压。

（二）电气过载的预防措施

（1）低压配电装置不能超负荷运行，其电压、电流指示值应在正常范围。

（2）正确选用和安装过载保护装置。

（3）电路开关和插座应选用合格产品，并且不能超负荷使用。

（4）正确选用不同规格的电线电缆，要根据使用负荷正确选择导线的截面，杜绝乱拉乱接。

（5）对于需用电动机的场合，要正确选择电动机功率和连接方式，避免"小马拉大车"或三角形、星形接法互换导致过载。

二、短路、电弧火花

短路是电气设备最严重的一种故障状态。相线与相线、相线与零线（或地线）在某一点相碰或相接，引起电器回路中电流突然增大的现象，称为短路。

短路时，在短路点或导线连接松动的电气接头处，会产生电弧或火花。电弧温度很高，可达 3000℃ 以上，不但可引燃它本身的绝缘材料，还可将它附近的可燃材料、蒸气和粉尘引燃。电弧还可能由于接地装置不良、雷电压侵入或线路间过电压击穿空气隙引起。切断或接通大电流电路时，或大截面熔断器熔断时，也能产生电弧。

（一）短路的原因

（1）电气设备的使用和安装与使用环境不符，致使其绝缘在高温、潮湿、酸碱环境条件下受到破坏。

（2）电气设备使用时间过长，超过使用寿命，致使绝缘老化或受损脱落。

（3）金属等导电物质或鼠、蛇等小动物，跨越在输电裸线的两线之间或相对地之间。

（4）导线由于拖拉、摩擦、挤压、长期接触尖硬物体等，绝缘层造成机械损伤或鼠咬使绝缘损坏。

（5）过电压侵入使绝缘层击穿。

（6）错误操作或把电源投向故障线路。

（7）恶劣天气，如大风、暴雨造成线路金属性连接。

（二）短路的预防措施

（1）电气线路应选用绝缘线缆。在高温、潮湿、酸碱腐蚀环境条件下，应选用适应相应环境的防湿、防热、耐火或防腐线缆类型和保护附件。例如，高温电热元件的电气连接应以石棉、玻璃丝、瓷珠、云母等做成耐热配线；敷设在建筑闷顶内或夹层内的电线应穿金属管保护或使用有护套保护的绝缘导线；明敷于潮湿场所的线管应采用水煤气钢管保护等。

（2）确保电气线路的安装施工质量和加强日常安全检查，注意电气线路的相线间及其相线与其他金属物体间保持一定安全间距，并防止导线机械性损伤导致绝缘性能降低。例如，室内明敷导线穿过墙壁或金属构件时须用绝缘套管保护，架空线路要注意敷设路径的安全性、线路的张弛度和安装的牢固度，及时检查发现放电打火的痕迹，及时更换老化线路等。

（3）低压配电装置和大负荷开关安装灭弧装置，如灭弧触头、灭弧罩、灭弧绝缘板或浸入绝缘液体中等。

（4）配电箱、插座、开关等易产生电弧打火的设备附近不要放置易燃物品。

（5）插座和开关等设备应保持完好无损，在潮湿场所应采取防水、防溅措施。

（6）安装漏电监测与保护装置，及时发现线路和用电设备的绝缘故障，并提供保护。

三、接触不良

接触不良是指导线与导线、导线与电器设备的连接处由于接触面处理不好，接头松动，造成接触电阻过大，形成局部过热的现象。接触不良也会出现电弧、电火花，造成潜在点火源。

（一）接触电阻过大的原因

（1）电气接头表面污损，接触电阻增加。

（2）电气接头长期运行，产生导电不良的氧化膜未及时清除。

（3）电气接头因振动或冷热变化的作用，使连接处发生松动、氧化。

（4）铜铝连接处未按规定方法处理，发生电化学腐蚀。

（5）接头没有按规定方法连接，连接不牢或接触面不足。

（二）接触不良的预防措施

（1）导线的各种方式连接均要确保牢固可靠，接头应具有足够的机械强度，并耐腐蚀。

（2）铜铝线连接要使用铜铝接头并防止接触面松动、受潮、氧化。

（3）检查或检测线路和设备的局部过热现象（包括直观检查、红外测温、热成像、温度监测报警系统等手段），及时消除隐患。

（4）定期对电器连接点进行检查和维护，保持连接可靠性。

四、电热烘烤

电热器具（如电炉、电暖气、电熨斗、电热毯等）、照明灯具，在正常通电的状态下，相当于一个火源或高温热源。当其安装不当或长期通电无人监护管理时，就可能使附近的可燃物受高温烘烤而起火。

通常防止电热高温烘烤起火的措施主要有以下几种：

（1）根据环境场所的火灾危险性来选择照明灯具，并且照明装置应与可燃物、可燃结构之间保持一定的距离，严禁用纸、布或其他可燃物遮挡灯具。日光灯、霓虹灯等的镇流器不能直接安装在可燃物基座上，应与可燃物保持适当距离。

（2）使用电熨斗必须有人监管，使用时切勿长时间通电，用完后不要忘记切断电源，并将其放置在专用的架子上自然降温，防止余热引起火灾。

（3）使用电热毯要选择优质产品，避免在保温良好的条件下长时间通电，下床后要切断电源，平时使用避免折叠和受潮。

（4）电热设备（电烘箱、电炉等）应放置在不燃材料基座之上，与周围可燃物须保持一定的安全距离，导线与电热元件接线处应牢固，进、出线处要采用耐高温绝缘材料予以保护。

五、电动设备摩擦

发电机和电动机等旋转电气设备，转子与定子相碰或轴承出现润滑不良、干涸，产生干磨发热或虽润滑正常但出现高速旋转时，都会引起火灾。最危险的是轴承长时间摩擦，轴承磨损后会使支架与滚珠间的间隙增大而引起局部过热，以致润滑脂变稀而溢出轴承室，使润滑状况变差进而使温度更高。如果轴承球体被碾碎或支架破裂，电动机轴承被卡住，会导致电机过载而被烧毁。

选择匹配的电动机功率、精准的安装和合理的运行保护是预防电动机火灾的主要方面，忽视任一个方面都可能引起事故，造成火灾。工作人员只有把握好每一个环节，定期检查维修，才有可能避免烧毁电动机和由此引起的火灾事故。

六、接地故障

接地故障一般由两种情况造成，一种是电源线未经接地装置而直接与大地相接，这种极端状况也称为对地短路，一般状况是相线经过某些不良导体，如混凝土、墙体抹灰层、干燥的土壤与大地相接，线路中电流增加有限，这种状况也称为漏电。另一种是因接地装置设计安装不符合要求，在雷电、静电或其他非正常电流通过接地装置时发生过热而引起火灾。由于第一种故障原因类似于短路，故这里只讨论第二种接地故障的形成原因和预防。

（一）接地故障引起火灾的原因

（1）当绝缘损坏时，相线与接地线或接地金属物之间漏电，会形成火花放电。

（2）在接地回路中，因接地线接头太松或腐蚀等，使电阻增加形成局部过热。

（3）在高阻值回路流通的故障电流，会沿邻近阻抗小的接地金属结构流散。若是向燃气管道弧光放电，则会将煤气管道击穿，使煤气泄漏而着火。

（4）在低阻值回路，若接地线截面过小，会影响其热稳定性，使接地线产生过热现象。

（5）可燃液体输送管道、设备的接地不良会导致静电积累，产生静电放电引发火灾。

（二）接地故障火灾的预防措施

（1）在接地系统设计时要综合考虑，确保系统安全。一般在接地线上不要装设开关和熔断器，防止接零设备上呈现危险的对地电压。

（2）保证接地装置足够的载流量、热稳定性和可靠性连接。

（3）低压配电系统实行等电位连接，对防止触电和电气火灾事故的发生具有重要作用，等电位连接可降低接地故障的接触电压，从而减轻由于保护电器动作失误带来的危险。

（4）装设漏电保护器，将低压电路的故障利用对地短路电流或泄漏电流而自动切断电路，从而及时安全地切除故障电路，进一步提高用电安全水平。

（5）隐蔽工程中电源线或接地线应可靠连接，必要时应穿管保护。

七、静电

静电是自然界中的一种常见现象，它是正、负电荷在局部范围内失去平衡（如两种不同物质之间的摩擦或分离）的结果。平时静电是一种处于相对稳定状态的电荷，但当它累积到一定程度，且具有放电的条件时就可能产生危害。静电的危害具有高电位、低电量、小电流和作用时间短的特点。静电放电产生的电火花，在易燃易爆场所往往成为引火源，造成火灾。

（一）静电引起火灾的条件

一般情况下，只要同时具备以下四个充分和必要条件，就会引起静电火灾或爆炸事故。

（1）周围和空间必须有可燃物（可燃气体）存在。

（2）具有产生和累积静电的条件，包括流动介质与管道之间或摩擦物体自身之间因摩擦和分离而产生的静电且静电不能及时导除。

（3）静电累积起足够高的静电电位后，并将周围的空气介质击穿与其他金属体之间产生放电，或带电体直接与其他金属体接触产生放电。

（4）静电放电的能量大于或等于附近可燃物的最小点火能量。

（二）静电火灾的预防措施

（1）控制静电场合的危险程度。①用非可燃物取代易燃介质（在清洗机器设备的零件时和在精密加工去油过程中，用非燃烧性的洗涤剂取代煤油或汽油，会减少静电危害的可能性）。②降低爆炸混合物在空气中的浓度（防止设备或容器发生"跑冒滴漏"，减少易燃气体的挥发，加强场所的通风防止可燃气体的集聚）。③减少场所的氧气含量。减少空气中的氧含量可使用注入惰性气体的方法稀释场所的氧气浓度，在一般的条件下，氧含量不超过8%时就不会使可燃物引起燃烧和爆炸。

（2）减少静电荷的产生和积累。①正确地选择材料（选择不容易起电的材料、根据带电序列选用位置相近的偶件材料、选用吸湿性材料）。②消除液体装卸过程中的冲击或喷溅。③降低固体材料的摩擦速度或液体的流速。④增加场所空气的相对湿度、采用抗静电添加剂。⑤减少静电荷的积累（采用静电消除器防止带电、管道和容器的可靠接地）。⑥防止人体静电（人体接地、防止穿戴的衣服和佩带物带电）。

八、雷电

雷电是自然界的一种复杂放电现象。带着不同电荷的雷云之间或雷云与大地之间的绝缘（空间）被击穿，会产生放电现象。当地面上的建筑物和电力系统内的电气设备遭受直接雷击或电感应时，其放电电压可达数百万伏到数千万伏，电流达几十万安培，远远大于发、供电系统的正常值。雷电的破坏性极大，不仅能击毙人畜、劈裂树木、击毁电气设备、破坏建筑物及各种设施，还能引起火灾和爆炸事故。

（一）雷电的破坏作用

（1）电效应。电效应主要是雷电产生的数百万伏乃至更高的冲击电压，有可能击毁电气设备的绝缘，烧断电线或劈裂电杆，造成大规模停电；绝缘损坏还能引起短路，导致火灾或爆炸事故，巨大的雷电流流经防雷装置时会造成防雷装置的电位升高，这样的高电位同样可以作用在电气线路、电气设备或其他金属管道上，它们之间会产生放电。这种接地导体由于电位升高而向带电导体或与地绝缘的其他金属物放电的现象，叫作反击。反击能引起电气设备绝缘破坏，造成高压窜入低压系统，可能直接导致接触电压和跨步电压，造成严重事故，可使金属管道烧穿，甚至造成易燃易爆物品着火和爆炸。

（2）热效应。热效应主要是雷电流通过导体，在极短的时间内转换成大量的热能，造成易爆品燃烧或造成金属熔化飞溅而引起火灾或爆炸事故。

（3）机械效能。机械效能是指巨大的雷电流通过被击物时，使被击物缝隙中的气体剧烈膨胀，缝隙中的水分也急剧蒸发为大量气体，因而在被击物体内部出现强大的机械压力，致使被击物体遭受严重破坏摧毁，如树干被劈裂、建筑被击垮。

（二）雷电的防避措施

（1）防直击雷的措施。设避雷针或避雷线、带（网），使建筑物及突出屋面的物体均处于接闪器的保护范围内。完整的一套防雷装置由接闪器、引下线和接地装置三部分组成：接闪器是专门直接接受雷击的金属导体，利用其高出被保护物的突出位置，把雷电引向自身，然后通过引下线和接地装置，把雷电流导入大地，使被保护物免受雷击。避雷针、避雷线、避雷网和避雷带实际上都是接闪器；引下线是连接接闪器与接地装置的金属导体，应满足机械强度、耐腐蚀和热稳定性的要求；接地装置包括接地线和接地体，是防雷装置的重要组成部分。

（2）防雷电感应的措施。由于雷电影响，在距直接雷击处一定范围内，有时会产生静电感应所引起的电荷放电现象。为了避免雷电所引起的静电感应作用而形成的火花放电，必须将被保护物的一切金属部分可靠接地。同时为避免雷电电磁感应的危害，应将屋内的金属回路连接成一个闭合回路（接触电阻越小越好），形成静电屏蔽。

（3）防雷电波（流）侵入的措施。为了防止雷电的高压沿架空线侵入室内，除了在供电系统中加强过电压保护外，最简单的方法是将线路绝缘瓷瓶的铁脚接地，在居住的房屋中如果有电视机或收音机的天线，要防止由天线引进雷电高压电，应装避雷器或装一个防雷的转换开关，在雷雨即将来临前，将天线转换到接地体上，使雷电流泄入大地中。

第三节　建筑防爆

建筑防爆是对有爆炸危险的厂房、库房等建筑进行的防爆设计。有爆炸危险性的建筑宜为单层，当必须为多层时应将爆炸危险生产部位放在顶层。此部位宜靠外墙设置，还应以防爆墙把爆炸危险部位与有明火部位以及其他部位分隔开，防爆墙上必须设洞口时应安装防爆门窗。该建筑耐火等级应为一级或二级，并宜采用钢筋混凝土结构，如采用钢结构时应有耐火保护层。当建筑体积和爆炸介质威力均较小时也可采用混合结构，但应有壁柱、圈梁等加固措施。

为避免阳光直射或聚焦引起燃烧爆炸，应采取设遮阳、百叶窗及磨砂玻璃门、窗等措施。为消除火花引起的爆炸，建筑应采用不发生火花的沥青砂浆或菱苦土等地面，并应采用符合防爆要求的电气设备，以及采取良好的通风排气措施等。为减轻爆炸对建筑造成巨大破坏，还应采取泄爆措施，以迅速释放爆炸的能量。同时，还应设置不少于两个的安全出口，并应采用封闭楼梯间。另外，尚需配备室内外消防给水系统，火灾危险性大的部位还须按规范分别设置自动喷水灭火设备、雨淋灭火设备等。

一、防爆建筑的设计要求

在建筑设计时，应合理确定防爆建筑的以下各项要求：

（1）建筑层数。一般宜采用单层建筑，对于必须采取自下而上或自上而下的生产工艺流程的建筑物才可采用多层建筑。在多层建筑中，如果只有一部分为防爆房间，应尽可能把其安排在最上层，不能把其布置在地下室或半地下室。如果防爆的工艺流程是上下贯通直至顶层的，应在每层楼板上开设泄爆孔，其面积应不小于楼板面积的15%，楼顶采用轻质泄压屋顶。

（2）耐火等级。爆炸时往往酿成火灾，防爆建筑物应具有较高的耐火等级：单层建筑不低于二级，多层建筑应为一级。

（3）结构类型。为避免爆炸造成房屋倒塌，建筑物应选用耐爆承重结构，并采取泄压措施。一般采用钢筋混凝土结构；如果墙体较厚或防爆建筑面积很小，可采用砖墙承重的混合结构，但必须设置轻质泄压屋顶。

（4）平面形状。建筑平面宜为矩形。建筑物宽度愈小，外墙面积同容积之比愈大，愈有利于采光、通风和泄压。多层建筑的宽度不宜大于18 m。

（5）安全出入口。安全疏散用的出入口，一般应不少于两个，并须满足安全疏散距离和疏散宽度等要求。

（6）防爆区段布置。建筑物仅需局部防爆时，该防爆区段应靠外墙布置，要求至少有两个外墙面；如果只有一个外墙面，其面积应占房间周长总面积的25%以上。生产有爆炸物的厂房，宜采用开敞式或半开敞式建筑。

二、建筑爆炸源的排除措施

从建筑来说，主要是排除各种火源。

（1）对于明火。防爆建筑应远离有明火的建筑物、露天设备和生产装置。防爆建筑内部设有明火装置时，易爆房间同明火房间之间应用防爆墙隔开；如二者必须有室内联系，应设防火的双门斗。

（2）对于电火源。为消除电气照明设备开关或运行时产生的电火花，应选用防爆电动机、防爆照明器和防爆电路；为消除静电的火花，有关设备应设接地装置和使用导电性润滑剂；为消除建筑物附近的雷击闪电的火花，应安装避雷装置。

（3）对于化学品火源。对可能产生火源的化学材料，应采取安全贮存和防护措施。

（4）对于太阳能火源。为消除由于太阳光照射而产生的火源，如直射阳光曝晒下可燃物升温自燃和通过有气泡的平板玻璃等聚焦而形成高温焦点等，应设遮阳板、百叶窗或采用磨砂玻璃门窗等措施。

（5）对于摩擦撞击产生的火源。为防止工具或设备因摩擦、撞击地面和门窗而产生火花，应采用木材、橡胶、塑料、沥青和用石灰石、大理石做骨料的水泥砂浆和混凝土等不产生火花的材料做地面层，并使用木制门窗。

（6）对于其他火源。在有可燃液体或气体的建筑中，应采取措施防止可燃物逸至有火源的房间。

三、建筑爆炸危害的减轻措施

（1）合理布置建筑的总平面。在工厂总平面设计中，将有爆炸危险的厂房、仓库集中在一个区段，同其他区段间保持适当的距离。如工厂靠近郊区，应将这类房屋布置在厂区边缘；如工厂靠近山区，则应充分利用地形和自然屏障，将这类房屋布置在山沟内。

（2）设置建筑防爆构配件，如防爆墙、防爆门、防爆窗等。在同一座厂房和仓库内部，应将有爆炸危险的装置同一般装置用防爆墙分隔开。防爆墙可采用配筋砖墙、钢筋混凝土墙、钢板墙和钢木板墙，其材料和强度经计算确定。防爆墙不应作为承重结构，不得穿孔留洞。工艺上需要管道或机器的轴承穿越时，必须有密封措施。如需设置门窗，应设防爆（装甲）门和防爆窗，应具有防爆墙的抗爆强度和防火能力。防爆观察窗是固定式的，采用角钢窗框、橡皮密封条和夹层玻璃。

（3）设置泄压构配件，如轻质屋顶、轻质外墙和泄压窗等。其作用是在发生爆炸时，它们首先遭到破坏，从而可以泄散掉大量气体和能量，从而减轻承重结构受到的爆炸压力荷载。防爆建筑泄压面积，即泄压构件的总面积同房屋体积的比值，一般采用 0.05 ~ 0.10。泄压构件应靠近爆炸部位，不得面对人员集中的地方和主要通道。泄压轻质屋顶普遍采用轻质的石棉水泥波形板做屋面材料，波形板下应满铺镀锌铁丝网或细钢筋制成的安全网，以免爆炸时断瓦碎片散落伤人。泄压轻质外墙宜采用石棉水泥波形板做墙体材料，用薄钢板带与螺栓卡固在钢筋混凝土的横梁上。泄压轻质外墙需要保温时，可采用双层板或内衬一层木丝板。泄压窗应避免采用撞击时发生火花的零件，并能在爆炸时自动打开。

第四节　建筑设备防火防爆

一、采暖系统

采暖是采用人工方法提供热量，使在较低的环境温度下，仍能保持适宜的工作或生活条件的一种技术手段。按设施的布置情况主要分为集中采暖和局部采暖两大类。其中，集中采暖由锅炉房供给热水或蒸汽（称载热体），通过管道分别输送到各有关室内的散热器，将热量散发后再流回锅炉循环使用，或将空气加热后用风管分送到各有关房间。局部采暖则利用火炉、电炉或煤气炉等就地发出热量，只供给本房间内部或少数房间应用。有些地区也采用火墙、火炕等简易采暖设施，也有利用太阳能或辐射热作为热源的采暖方式。

采暖系统的防火防爆设计主要是对具有一定危险性的生产厂房（库房）、汽车库等的采暖系统进行防火防爆设计。火灾危险性不同的建筑，对采暖系统也有不同的要求。

采暖系统的防火设计应按照《建筑设计防火规范》（GB 50016—2014）以及《汽车库、修车库、停车场设计防火规范》（GB 50067—2014）等有关规范的规定执行。

采暖设备的防火防爆措施具体如下：

（1）采暖管道要与建筑物的可燃构件保持一定的距离。采暖管道穿过可燃构件时，要用不燃材料隔开绝热；或根据管道外壁的温度，使管道与可燃构件之间保持适当的距离。当管道温度大于100℃时，距离不小于100 mm或采用不燃材料隔热；当温度小于或等于100℃时，距离不小于50 mm。

（2）加热送风采暖设备的防火设计。电加热设备与送风设备的电气开关应有联锁装置，以防风机停转时，电加热设备仍单独继续加热，温度过高而引起火灾。在重要部位，应设置感温自动报警器，必要时加设自动防火阀，以控制取暖温度，防止过热起火。装有电加热设备的送风管道应用不燃材料制成。

（3）采用不燃材料。甲、乙类厂房、仓库的火灾发展迅速、热量大，采暖管道和设备的绝热材料应采用不燃材料，以防火灾沿着管道的绝热材料迅速蔓延到相邻房间或整个房间。对于其他建筑，可采用燃烧毒性小的难燃绝热材料，但应首先考虑采用不燃材料。存在与采暖管道接触能引起燃烧爆炸的气体、蒸气或粉尘的房间内不应穿过采暖管道，当必须穿过时，应采用不燃材料隔热。

（4）车库采暖设备的防火设计。根据《汽车库、修车库、停车场设计防火规范》（GB 50067—2014）的有关规定，车库采暖设备的防火设计应符合：①车库内应设置热水、蒸汽或热风等采暖设备，不应采用火炉或其他明火采暖方式，以防火灾事故的发生。②下列汽车库或修车库需要采暖时应设集中采暖：甲、乙类物品运输车的汽车库；Ⅰ、Ⅱ、Ⅲ类汽车库；Ⅰ、Ⅱ类修车库。③Ⅳ类汽车库和Ⅲ、Ⅳ类修车库，当采用集中采暖有困难时，可采用火墙采暖，但对容易暴露明火的部位，如炉门、节风门、除灰门，严禁设在汽车库、修车库内，必须设置在车库外。汽车库采暖部位不应贴邻甲、乙类生产厂房、库房布置，以防燃烧、爆炸事故的发生。

二、通风与空调系统

建筑物内的通风和空调系统给人们的工作和生活创造了舒适的环境条件，但如系统设计不当，不仅设备本身存在火险隐患，通风和空气调节系统的管道还将成为火灾在建筑物内蔓延传播的重要途径，由于这类管道纵横交错贯穿于建筑物中，火灾由此蔓延的后果极为严重。在散发可燃气体、可燃蒸气和粉尘的厂房内，加强通风，及时排除空气中的可燃有害物质，是一项很重要的防火防爆措施。

通风、空调系统的防火设计应按照《建筑设计防火规范》（GB 50016—2014）、《人民防空工程设计防火规范》（GB 50098—2009）以及《汽车库、修车库、停车场设计防火规范》（GB 50067—2014）的有关规定执行。

通风、空调设备防火防爆措施具体如下：

（1）空气中含有容易起火或爆炸物质的房间，其送、排风系统应采用防爆型的通风设备和不会产生火花的材料（如可采用有色金属制造的风机叶片和防爆电动机）。

（2）含有易燃、易爆粉尘（碎屑）的空气，在进入排风机前应采用不产生火花的除尘器进行处理，以防止除尘器工作过程中产生火花引起粉尘、碎屑燃烧或爆炸。对于遇湿可能爆炸的粉尘（如电石、锌粉、铝镁合金粉等），严禁采用湿式除尘器。

（3）排除、输送有燃烧、爆炸危险的气体、蒸气和粉尘的排风系统，应采用不燃材料并设有导除静电的接地装置。其排风设备不应布置在地下、半地下建筑（室）内，以防止有爆炸危险的蒸气和粉尘等物质的积聚。

（4）排除、输送温度超过80℃的空气或其他气体以及容易起火的碎屑的管道，与可燃或难燃物体之间应保持不小于150 mm的间隙，或采用厚度不小于50 mm的不燃材料隔热，以防止填塞物与构件因受这些高温管道的影响而导致火灾。当管道互为上下布置时，表面温度较高者应布置在上面。

（5）下列任何一种情况下的通风、空气调节系统的送、回风管道上应设置防火阀：①送、回风总管穿越防火分区的隔墙处，主要防止防火分区或不同防火单元之间的火灾蔓延扩散。②穿越通风、空气调节机房及重要的房间（如重要的会议室、贵宾休息室、多功能厅、贵重物品间等）或火灾危险性大的房间（如易燃物品实验室、易燃物品仓库等）隔墙及楼板处的送、回风管道，以防机房的火灾通过风管蔓延到建筑物的其他房间，或者防止火灾危险性大的房间发生火灾时经通风管道蔓延到机房或其他部位。③多层建筑和高层建筑垂直风管与每层水平风管交接处的水平管段上，以防火灾穿过楼板蔓延扩大；但当建筑内每个防火分区的通风、空气调节系统均独立设置时，该防火分区内的水平风管与垂直总管的交接处可不设置防火阀。④在穿越变形缝的两侧风管上各设一个防火阀，以使防火阀在一定时间内达到耐火完整性和耐火稳定性要求，起到有效隔烟阻火的作用。

（6）防火阀的设置应符合：①有熔断器的防火阀，其动作温度宜为70℃。②防火阀宜靠近防火分隔处设置。③防火阀安装时，可明装也可暗装。当防火阀暗装时，应在安装部位设置方便检修的检修口。④为保证防火阀能在火灾条件下发挥作用，穿过防火墙两侧各2 m范围内的风管绝热材料应采用不燃材料且具备足够的刚性和抗变形能力，穿越处的空隙应用不燃材料或防火封堵材料严密填实。

（7）防火阀的易熔片或其他感温、感烟等控制设备一经动作，应能顺气流方向自行严密关闭，并应设有单独支吊架等防止风管变形而影响关闭的措施。其他感温元件应安装在容易感温的部位，其作用温度应比通风系统正常工作时的最高温度高约 25℃，一般可采用 70℃。

（8）通风、空气调节系统的风管、风机等设备应采用不燃烧材料制作，但接触腐蚀性介质的风管和柔性接头，可采用难燃材料。体育馆、展览馆、候机（车、船）楼（厅）等大空间建筑、办公楼和丙、丁、戊类厂房内的通风、空气调节系统，当风管按防火分区设置且设置了防烟防火阀时，可采用燃烧产物毒性较小且烟密度等级小于或等于 25 的难燃材料。

（9）公共建筑的厨房、浴室、卫生间的垂直排风管道，应采取防止回流设施或在支管上设置防火阀。公共建筑的厨房的排油烟管道宜按防火分区设置，且在与垂直排风管连接的支管处应设置动作温度为 150℃的防火阀，以免影响平时厨房操作中的排风。

（10）风管和设备的保温材料、用于加湿器的加湿材料、消声材料（超细玻璃棉、玻璃纤维、岩棉、矿渣棉等）及其黏结剂，宜采用不燃烧材料，当确有困难时，可采用燃烧产物毒性较小且烟密度等级小于或等于 50 的难燃烧材料（如自熄性聚氨酯泡沫塑料、自熄性聚苯乙烯泡沫塑料等），以减少火灾蔓延。有电加热器时，电加热器的开关和电源开关应与风机的起停联锁控制，以防止通风机已停止工作，而电加热器仍继续加热导致过热起火，电加热器前后各 0.8 m 范围内的风管和穿过设有火源等容易起火房间的风管，均必须采用不燃烧保温材料，以防电加热器过热引起火灾。

（11）燃油、燃气锅炉房在使用过程中存在逸漏或挥发的可燃性气体，要在燃油、燃气锅炉房内保持良好的通风条件，使逸漏或挥发的可燃性气体与空气混合气体的浓度能很快稀释到爆炸下限值的 25% 以下。锅炉房应选用防爆型的事故排风机。可采用自然通风或机械通风，当设置机械通风设施时，该机械通风设备应设置导除静电的接地装置，通风量应符合：①燃油锅炉房的正常通风量按换气次数不少于 3 次 /h 确定。②燃气锅炉房的正常通风量按换气次数不少于 6 次 /h 确定，事故通风量为正常通风量的 2 倍。

（12）电影院的放映机室宜设置独立的排风系统。当需要合并设置时，通向放映机室的风管应设置防火阀。

（13）设置气体灭火系统的房间，因灭火后产生大量气体，人员进入之前需将这些气体排出，应设置能排除废气的排风装置；为了不使灭火后产生的气体扩散到其他房间，与该房间连通的风管应设置自动阀门，火灾发生时，阀门应自动关闭。

（14）车库的通风、空调系统的设计应符合：①设置通风系统的汽车库，其通风系统应独立设置，不应和其他建筑的通风系统混设，以防止积聚油蒸气而引起爆炸事故。②喷漆间、蓄电池间均应设置独立的排气系统，乙炔站的通风系统设计应按现行国家标准《乙炔站设计规范》（GB 50031—1991）的规定执行。③风管应采用不燃材料制作，且不应穿过防火墙、防火隔墙，当必须穿过时，除应采用不燃材料将孔洞周围的空隙紧密填塞外，还应在穿过处设置防火阀，防火阀的动作温度宜为 70℃。④风管的保温材料应采用不燃或难燃材料；穿过防火墙的风管，其位于防火墙两侧各 2 m 范围内的保温材料应为不燃材料。

三、燃油、燃气设施

在民用建筑中，常见的燃油、燃气设施有柴油发电机、直燃机和厨房设备，其火灾危险性和防火防爆措施各有特点。

（一）柴油发电机

《建筑设计防火规范》（GB 50016—2014）规定：建筑高度大于 50 m 的乙、丙类厂房和丙类仓库及一类高层民用建筑的消防用电应按一级负荷供电。室外消防用水量大于 30 L/s 的厂房（仓库），室外消防用水量大于 35 L/s 的可燃材料堆场、可燃气体储罐（区）和甲、乙类液体储罐（区），粮食仓库及粮食筒仓，二类高层民用建筑，座位数超过 1500 个的电影院、剧场，座位数超过 3000 个的体育馆，任一层建筑面积大于 3000 m² 的商店和展览建筑，省（市）级及以上的广播电视、电信和财贸金融建筑，室外消防用水量大于 25 L/s 的其他公共建筑的消防用电按二级负荷供电。根据我国经济、技术条件和供电情况，建筑中一般采用柴油发电机组作为应急电源。

柴油发电机房的防火防爆措施具体如下：

（1）宜布置在首层或地下一、二层，不应布置在人员密集场所的上一层、下一层或贴邻。柴油发电机应采用丙类柴油做燃料，柴油的闪点不应小于 55℃。

（2）应采用耐火极限不低于 2 h 的不燃烧体隔墙和 1.5 h 的不燃烧体楼板与其他部位隔开，门应采用甲级防火门。

（3）机房内设置储油间时，其总储存量不应大于 1 m³，储油间应采用防火墙与发电机间分隔；必须在防火墙上开门时，应设置甲级防火门。

（4）应设置火灾报警装置。

（5）建筑内其他部位设置自动喷水灭火系统时，柴油发电机房也应设置自动喷水灭火系统。

（6）设置在建筑物内的柴油发电机，其进入建筑物内的燃料供给管道应符合：①应在进入建筑物前和设备间内，设置自动和手动切断阀。②储油间的油箱应密闭且应设置通向室外的通气管，通气管应设置带阻火器的呼吸阀，油箱的下部应设置防止油品流散的设施。③燃油供给管道的敷设应符合现行国家标准的有关规定。④供锅炉及柴油发电机使用的丙类液体燃料储罐，其布置应符合《建筑设计防火规范》（GB 50016—2014）的有关规定。

（二）直燃机

溴化锂直燃式制冷机组（以下简称直燃机）的基本工作原理是通过燃油或燃气直接提供热源，制取 5℃ 以上的冷水和 70℃ 以下热水的冷热水机组。随着城市建筑的快速发展，大型建筑及高层建筑内使用空气调节系统越来越多，直燃机具有体积小、能耗少、功能全、无大气污染及一次性投资费用较低的优点。由于城市用地紧张，在建筑以外单独设置直燃机房的可能性较小，溴化锂直燃机体积小，安全可靠度高，适合设置在室内。

直燃机房的安全核心是防止可燃性气体泄漏，不发生爆炸。直燃机房的防火防爆措施具体如下：

（1）直燃机组在设计和制造上的质量，应符合产品本身质量保证要求。

（2）机组应布置在首层或地下一层靠外墙部位，不应布置在人员密集场所的上一层、下一层或贴邻，并采用无门窗洞口的耐火极限不低于 2 h 的隔墙和 1.50 h 的楼板与其他部位隔开。当必须开门时，应设甲级防火门。燃油直燃机房的油箱不应大于 $1m^3$，并应设在耐火极限不低于二级的房间内，该房间的门应采用甲级防火门。

（3）直燃机房人员疏散的安全出口不应少于两个，至少应设一个直通室外的安全出口，从机房最远点到安全出口的距离不应超过 35 m。疏散门应为乙级防火门，外墙开口部位的上方应设置宽度不小于 1 m 为不燃烧体的防火挑檐或不小于 1.20 m 的窗间墙。

（4）机房应设置火灾自动报警系统（燃油直燃机房应设温感报警探测器，燃气直燃机房应设可燃气体报警探测器）及水喷雾灭火装置，并且可靠联动，报警探测器检测点不少于两个，且应布置在易泄漏的设备或部件上方，当可燃气体浓度达到爆炸下限的 25％时，报警系统应能及时准确报警和切断燃气总管上的阀门和非消防电源，并启动事故排风系统。设置水喷雾灭火系统的直燃机房应设置排水设施。

（5）主机房应设置可靠的送风、排风系统，室内不应出现负压。直燃机工作期间排风系统的换气次数可按 10～15次/h，非工作期间可按 3次/h 计算，其机械排风系统与可燃气体浓度报警系统联动，并且送风量不应小于燃烧所需的空气量（18 m³/104 kcal，1 cal=4.1868 J）和人员所需新鲜空气量之和，以保证主机房的天然气浓度低于爆炸下限，应能保证在停电情况下正常运行。

（6）应设置双回路供电，并应在末端配电箱处设自动切换装置。燃气直燃机房使用气体如密度比空气小（如天然气），机房应采用防爆照明电器；使用气体密度如果比空气大（如液化石油气），则机房应设不发火地面，且使用液化石油气的机房不应布置在地下各层。

（7）燃气直燃机房应有事故防爆泄压设施，并应符合消防技术规范的要求，外窗、轻质屋盖、轻质墙体（自重不超过 60 kg/m²）可为泄压设施，在机房四周和顶部及柱子迎爆面安装爆炸减压板，降低爆炸时产生的爆炸压力峰值，保护主体结构。防爆泄压面积的设置应避开人员集中的场所和主要交通道路，并宜靠近容易发生爆炸的部位。

（8）进入地下机房的天然气管道应尽量缩短，除与设备连接部分的接头外，一律采用焊接，并穿套管单独敷设，应尽量减少阀门数量，进气管口应设有可靠的手动和自动阀门。进入建筑物内的燃气管道必须采用专用的非燃材料管道和优质阀门，保证燃气不致泄漏。进气、进油管道上应设置紧急手动和自动切断阀，燃油直燃机应设事故油箱。

（9）机房内的电气设备应采用防爆型，溴化锂机组所带的真空泵电控柜也应采取隔爆措施，保证在运行过程中不产生火花。电气设备应有可靠的接地措施。

（10）烟道和烟囱应具有能够确保稳定燃烧所需的截面积结构，在工作温度下应有足够的强度，在烟道周围 0.50 m 以内不允许有可燃物，烟道不得从油库房及有易燃气体的房屋中穿过，排气口水平距离 6 m 以内不允许堆放易燃品。

（11）每台机组宜采用单独烟道，多台机组共用一个烟道时，每台机组的排烟口应设置风门。

（三）厨房设备

厨房作为餐饮场所的重要特殊用房，可以按照《建筑设计防火规范》（GB 50016—2014）进行设计。

厨房设备防火防爆措施具体如下：

（1）根据《建筑设计防火规范》（GB 50016—2014）规定，除住宅外，其他建筑内的厨房隔墙应采用耐火极限不低于 2 h 的不燃烧体，隔墙上的门窗应为乙级防火门窗。同时，餐厅建筑面积大于 1000 m² 的餐馆或食堂，其烹饪操作间的排油烟罩及烹饪部位宜设置自动灭火装置，且应在燃气或燃油管道上设置紧急事故自动切断装置。由于厨房环境温度较高，其洒水喷头选择也应符合其工作环境温度要求，应选用公称动作温度为 930℃的喷头，颜色为绿色。

（2）对厨房内燃气、燃油管道、阀门必须进行定期检查，防止泄漏。如发现燃气泄漏应首先关闭阀门，及时通风，并严禁使用任何明火和启动电源开关。

（3）厨房灶具旁的墙壁、抽油烟机罩等容易污染处应天天清洗，油烟管道至少应每半年清洗一次。

（4）厨房内的电器设施应严格按照国家技术标准设置，电器开关、插座等，应以封闭为佳，防止水渗入，并应安装在远离燃油、燃气设备的部位；厨房内运行的各种机械设备不得超负荷用电，并注意使用过程中防止电器设备和线路受潮。

（5）厨房内使用的各种灶具和炊具，应使用经国家质量检测部门检测合格的产品。

（6）工作结束后，操作人员应及时关闭所有燃气、燃油阀门，切断电源、火源。

四、锅炉房

通常为民用建筑服务的锅炉房，都是为建筑采暖提供热源，一般以热水或蒸汽锅炉应用较多。

锅炉房防火防爆措施具体如下：

（1）在总平面布局中，锅炉房应选择在主体建筑的下风或侧风方向，且应考虑到由于明火或烟囱飞火，对周围的甲、乙类生产厂房，易燃物品和重要物资仓库，易燃液体储罐，以及稻草和露天粮、棉、木材堆场等部位必须保持的防火间距，可以根据《建筑设计防火规范》（GB 50016—2014）的有关规定确定，一般为 25 ~ 50 m。燃煤锅炉房与煤堆场之间应保持 6 ~ 8 m 的防火间距。灰煤与煤堆之间，应保持不小于 10 m 的间距。燃烧易燃油料或液化石油气的锅炉房与储罐之间的防火间距，应根据储量按照《建筑设计防火规范》（GB 50016—2014）的有关规定确定。单台蒸汽锅炉的蒸发量不大于 4 t/h 或单台热水锅炉额定热功率不大于 2.8 MW 的燃煤锅炉房与民用建筑的防火间距，可根据锅炉房的耐火等级按照《建筑设计防火规范》（GB 50016—2014）中有关民用建筑的规定确定。燃油或燃气锅炉房、蒸发量或额定热功率大于《建筑设计防火规范》（GB 50016—2014）规定的燃煤锅炉与民用建筑的防火间距，应符合《建筑设计防火规范》（GB 50016—2014）中有关丁类厂房的规定。

（2）锅炉房宜独立建造，但确有困难时可贴邻民用建筑布置，但应采用防火墙隔开，且不应贴邻人员密集场所。燃油或燃气锅炉受条件限制必须布置在民用建筑内时，不应布置在人员密集场所的上一层、下一层或贴邻，并应符合：①燃油和燃气锅炉房应设置在首层或地下一层靠外墙部位，但常（负）压燃油、燃气锅炉可设置在地下二层，当常（负）压燃气锅炉距安全出口的距离大于 6 m 时，可设置在屋顶上。当锅炉房设在楼顶时，其顶板应进行双浇混凝土加厚处理，以提高耐火极限。燃油锅炉应采用丙类液体做燃料。采用相对密度（与空气密度的比值）大于或等于 0.75 的可燃气体为燃料的锅炉，不得设置在地下或半地下建筑（室）内。②锅炉房的门应直通室外或直通安全出口；外墙开口部位的上方应设置宽度不小于 1 m 的不燃性防火挑檐或高度不小于 1.2 m 的窗槛墙。③锅炉房与其他部位之间应采用耐火极限不低于 2 h 的不燃性隔墙和 1.50 h 的不燃性楼板隔开。在隔墙和楼板上不应开设洞口，当必须在隔墙上开设门窗时，应设置甲级防火门窗。④当锅炉房内设置储油间时，其总储存量不应大于 1 m³，且储油间应采用防火墙与锅炉间隔开；当必须在防火墙上开门时，应设置甲级防火门。⑤锅炉的容量应符合现行国家标准《锅炉房设计规范》（GB 50041—2020）的有关规定。⑥应设置火灾报警装置和与锅炉容量及建筑规模相适应的灭火设施。⑦燃气锅炉房应设置防爆泄压设施。燃油、燃气锅炉房应有良好的自然通风或机械通风设施。燃气锅炉房应选用防爆型的事故排风机。设置机械通风设施时，其机械通风装置应设置导除静电的接地装置，通风量应符合相关规定。

（3）锅炉房为多层建筑时，每层至少应有两个出口，分别设在两侧，并设置安全疏散楼梯直达各层操作点。锅炉房前端的总宽度不超过 12 m，面积不超过 200 m² 的单层锅炉房，可以开一个门。锅炉房通向室外的门应向外开，在锅炉运行期间不得上锁或闩住，确保出入口畅通无阻。

（4）锅炉的燃料供给管道应在进入建筑物前和设备间内的管道上设置自动和手动切断阀。储油间的油箱应密闭且应设置通向室外的通气管，通气管应设置带阻火器的呼吸阀，油箱的下部应设置防止油品流散的设施。燃气供给管道的敷设应符合现行国家标准《城镇燃气设计规范》（GB 50028—2019）的规定。

（5）油箱间、油泵间、油加热间应用防火墙与锅炉间及其他房间隔开，门窗应对外开启，不得与锅炉间相连通，室内的电气设备应为防爆型。

（6）锅炉房电力线路不宜采用裸线或绝缘线明敷，应采用金属管或电缆布线，且不宜沿锅炉烟道、热水箱和其他载热体的表面敷设，电缆不得在煤场下通过。

五、电力变压器

电力变压器是根据电磁感应原理，以互感现象为基础，将一定电压的交流电能转变为不同电压交流电能的设备。按其冷却介质不同又可分为干式变压器和油浸式变压器。

电力变压器本体的防火防爆措施具体如下：

（1）防止变压器过载运行。如果长期过载运行，会引起线圈发热，使绝缘逐渐老化，造成匝间短路、相间短路或对地短路及油的分解。

（2）保证绝缘油质量。变压器绝缘油在储存、运输或运行维护中，若油质量差或杂质、水分过多，会降低绝缘强度。当绝缘强度降低到一定值时，变压器就会短路而引起电火花、电弧或出现危险温度。因此，运行中变压器应定期化验油质，不合格的油应及时更换。

（3）防止变压器铁芯绝缘老化损坏。铁心绝缘老化或夹紧螺栓套管损坏，会使铁心产生很大的涡流，引起铁芯长期发热造成绝缘老化。

（4）防止检修不慎破坏绝缘。变压器检修吊芯时，应注意保护线圈或绝缘套管，如果发现有擦破损伤，应及时处理。

（5）保证导线接触良好。线圈内部接头接触不良，线圈之间的连接点、引至高低压侧套管的接点以及分接开关上各支点接触不良，会产生局部过热，破坏绝缘，发生短路或断路。此时所产生的高温电弧会使绝缘油分解，产生大量气体，变压器内压力增大。当压力超过熔断器保护定值而不跳闸时，会发生爆炸。

（6）防止雷击。电力变压器的电源一般通过架空线而来，而架空线很容易遭受雷击，变压器会因击穿绝缘而烧毁。避雷器的接地线应与变压器的低压中性点及油箱壁接地螺栓连在一起接地。

（7）短路保护要可靠。变压器线圈或负载发生短路，变压器将承受相当大的短路电流，如果保护系统失灵或保护定值过大，就有可能烧毁变压器。为此，必须安装可靠的短路保护装置。

（8）保持良好的接地。对于采用保护接零的低压系统，变压器低压侧中性点要直接接地，当三相负载不平衡时，零线上会出现电流。当这一电流过大而接触电阻又较大时，接地点就会出现高温，引燃周围的可燃物质。容量在 100 kVA 以下的变压器接地电阻应不大于 10 Ω。

（9）防止超温。变压器运行时应监视温度的变化。如果变压器线圈导线是 A 级绝缘，其绝缘体以纸和棉纱为主，温度的高低对绝缘和使用寿命的影响很大，温度每升高 8℃，绝缘寿命要减少50%左右。变压器在正常温度(90℃)下运行，寿命约为20年；若温度升至105℃，则寿命为7年；温度升至120℃，寿命仅为2年。所以变压器运行时，一定要保持良好的通风和冷却，必要时可采取强制通风，以达到降低变压器温升的目的。

（10）变压器室应配备相应的消防设施，如缆式线型定温火灾探测器等探测报警设备、二氧化碳或水喷雾等自动灭火系统和应急照明系统。消防设施设备的线路，可以考虑采用铜芯护套矿物绝缘、耐高温、防火电缆或其他耐火电缆，以满足防火的要求。

（11）应经常对运行中的变压器进行检查、维护，包括变压器的声音、油面、接地、温度表保护装置、套管以及变压器整体整洁等是否完好、正常，便于及早发现隐患，即时处理。

第五节 灭火救援设施

一、消防车道

（一）消防车道的设置要求

根据《建筑设计防火规范》（GB 50016—2014）的规定，消防车道的设置要求具体如下。

1.环形消防车道

（1）高层民用建筑、超过 3000 个座位的体育馆、超过 2000 个座位的会堂、占地面积大于 3000 m² 的展览馆等单、多层公共建筑周围应设置环形消防车道。但是对于建筑物沿街道部分的长度大于 150 m 或总长度大于 220 m 时，设置窗格建筑消防车道，存在困难时，也应设置环形消防车道。

（2）设置环形消防车道时至少应有 2 处与其他车道连通，必要时还应设置与环形车道相连的中间车道，同时大型车辆的转弯半径也要考虑在消防道路设置当中。

（3）工厂、仓库区内应设置消防车道。高层厂房、占地面积大于 3000 m² 的甲、乙、丙类厂房和占地面积大于 1500 m² 的乙、丙类仓库，应设置环形消防车道，对于确有困难的情况下，应当将消防车道沿建筑物的两个长边设置。

2.穿过建筑的消防车道

（1）有封闭内院或天井的建筑物，当内院或天井短边长度大于 24 m 时，宜设置进入内院或天井的消防车道。当该建筑物沿街时，应设置连通街道和内院的人行通道（可利用楼梯间），其间距不宜大于 80 m。

（2）对于超过 3000 个座位、占地面积大于 3000 m² 的展览馆等公共建筑，宜设置环形消防车道。

（3）对于进入建筑物内院或穿过建筑物的消防车道两侧，要清除影响消防车通行或人员安全疏散的设施。

3.尽头式消防车道

对于难以设置环形消防车道或与其他道路连通的消防车道时，或者建筑和场所的周边受地形环境条件限制的情况下，可设置尽头式消防车道。

消防水源地的消防车道为了供消防车取水的便利性，规定消防车道边缘距离取水点不宜大于 2 m。

（二）消防车道的技术要求

（1）净宽和净高。①消防车道净宽度和净空高度均不应小于 4 m。②转弯半径应满足消防转弯的要求。③消防车道与建筑物之间无障碍物。④消防车道靠建筑外墙一侧的边缘距离建筑外墙不宜小于 5 m。⑤消防车道的坡度不宜大于 8%。

（2）荷载。①对于重系列消防车总质量控制在 15～50 t；②轻、中系列消防车总质量不超过 11 t；③对于消防车道的路面、下面以及救援场地及存在管道和暗沟等，要把建筑物的高度、规模及当地消防车的实际参数考虑在内，从而达到重型消防车的压力承受极限。

（3）最小转弯半径。消防车回转时消防车的前轮外侧循圆曲线行走轨迹的半径称为消防车的最小转弯半径。轻系列消防车转弯半径应大于等于 7 m，中系列消防车应大于等于 9 m，重系列消防车应大于等于 12 m，因此，为了保证消防车紧急通行，弯道外侧需要预备一定的空间，停车场或其他设施不能侵占消防车道的宽度。

（4）回车场。尽头式车道应根据消防车辆的回转需要设置回车道或回车场。①回车场的面积不应小于 12 m×12 m。②对于高层建筑，回车场不宜小于 15 m×15 m。③供重型消防车使用时，不宜小于 18 m×18 m。

（5）间距。室外消火栓的保护半径不宜大于 150 m 左右，按一般规定，应该在城市道路两旁设置，故消防车道的间距应为 160 m。

二、救援场地与入口

消防登高面又叫高层建筑消防登高面、消防平台，是登高消防车靠近高层主体建筑，开展消防车登高作业及消防队员进入高层建筑内部，抢救被困人员、扑救火灾的建筑立面。按国家建筑防火设计规范，高层建筑都必须设置消防登高面，且不能做其他用途。

在高层建筑的消防登高面一侧，地面必须设置消防车道和供消防车停靠并进行灭火救援的作业场地，该场地就叫作消防救援场地或消防车登高操作场地。

在高层建筑的消防登高面一侧外墙上设置的供消防人员快速进入建筑主体且便于识别的灭火救援窗口称为灭火救援窗。

（一）消防登高面的确定

（1）塔式住宅的消防登高面不应小于住宅的 1/4 周边长度。

（2）单元式、通廊式住宅的消防登高面不应小于住宅的一个长边长度。

（3）消防登高面应靠近住宅的公共楼梯或阳台、窗。

（4）消防登高面一侧的裙房，其建筑高度不应大于 5 m，且进深不应大于 4 m。

（5）消防登高面不宜设计大面积的玻璃幕墙。

（6）建筑物与消防车登高操作场地相对应的范围内，应设置直通室外的楼梯或直通楼梯间的入口。

（二）消防登高场地的设置要求

（1）最小操作场地面积要求。消防登高场地应结合消防车道设置。场地长度和宽度不应小于 15 m 和 10 m。对于建筑高度大于 50 m 的建筑，场地的长度和宽度分别不应小于 20 m 和 10 m。对于场地的坡度不宜大于 3%。

（2）场地与建筑的距离要求。根据火场经验和登高车的操作。最大距离可由建筑高度、举高车的额定工作高度确定，一般距建筑 5 m。如果存在 50 m 以上的建筑火灾情况下，在 5 ~ 13 m 内消防登高车可达其额定高度。为了布置方便，登高场地距建筑外墙不宜小于 5 m，且不应大于 10 m。

（3）场地荷载计算。地下建筑上布置消防登高操作场地时，场地及其下面建筑结构、管道和暗沟等，应按承载大型重系列消防车计算。同时为安全起见，不宜把地下管道、暗沟、水池、化粪池等布置在消防登高操作场地内。

（4）操作空间的控制。应根据高层建筑的实际高度，合理控制消防登高场地的操作空间，场地与建筑之间不应设置妨碍消防车操作障碍，例如树木与电线等。

（三）灭火救援窗的设置要求

《建筑设计防火规范》（GB 50016—2014）第7.2.5条规定：供消防扑救人员进入的窗口的净高度和净宽度均不应小于1.0 m，下沿距室内地面不宜大于1.2 m，间距不宜大于20 m且每个防火分区不应少于2个，设置位置应与消防车登高操作场地相对应。窗口的玻璃应易于破碎，并应设置可在室外易于识别的明显标志。

三、消防电梯

（一）消防电梯的设置范围

（1）高层一类民用公共建筑。

（2）十层及十层以上的塔式住宅。

（3）十二层及十二层以上的单元式住宅和通廊式住宅。

（4）建筑高度超过32 m的其他二类公共建筑。

（5）建筑高度超过32 m设有电梯的高层厂房和库房。

（6）设置消防电梯的建筑的地下或半地下室，埋深大于10 m且总建筑面积大于3000 m²的其他地下或半地下建筑（室）。

（二）消防电梯的设置要求

（1）符合消防电梯要求的客梯或货梯可以兼做消防电梯。

（2）除设置在仓库连廊、冷库穿堂或谷物筒仓工作塔内消防电梯外，消防电梯应设置前室，并符合下面规定：①前室宜靠外墙设置，并应在首层直通室外或经过长度不大于30 m的通道通向室外。②前室的使用面积公共建筑不应小于6 m²。③前室或合用前室的门不应设置卷帘，应采用乙级防火门。

（3）建筑高度大于32 m且设置电梯的高层厂房（仓库），

每个防火分区内宜设置 1 台消防电梯。

（4）消防电梯井、机房与相邻电梯井、机房之间应设置耐火极限不低于 2 h 的防火隔墙，应采用甲级防火门作为隔墙上的门。

（5）在消防电梯的井底应设置排水设施，排水井的容量不应小于 2 m³，排水泵的排水量不应小于 10 L/s；且消防电梯间前室的门口宜设置挡水设施。

（6）消防电梯应能每层停靠，对于电梯的载重量一般不应小于 800 kg，电梯的行驶速度从首层至顶层的运行时间不宜大于 60 s。

（7）消防电梯的动力与控制电缆、电线、控制面板应采取防水措施；在首层的消防电梯入口处应设置供消防队员专用的操作按钮。

（8）电梯轿厢的内部装修材料应采用不燃材料，内部应设置专用消防对讲电话。

四、直升机停机坪

（一）直升机停机坪的设置范围

根据《建筑设计防火规范》（GB 50016—2014）第7.4.1条规定：建筑高度大于100 m且标准层建筑面积大于2000 m²的公共建筑，其屋顶宜设置直升机停机坪或供直升机救助的设施。

（二）直升机停机坪的设置要求

（1）停机坪。楼顶直升机场不同于普通机场的一点是停机坪本身就是起降坪，停机坪可以直接利用大楼屋顶，但由于净空要求以及屋顶冷却塔等设备的占用，需要采用钢结构支撑起来，一般停机坪都是采用钢结构架空的。设置在屋顶平台上时，距离设备机房、电梯机房、水箱间、共用天线、旗杆等突出物，不应小于 5 m。

（2）坪面标识。停机坪应标出额定起降直升机荷载，主要起落方向，起落区、安全区等。停机坪起降区常用符号"H"表示，符号所用色彩为白色，需要与周围地区取得较好对比时，亦可采用黄色。

（3）出口。出口可以是电梯口，也可以是钢梯出口；对于高层建筑之上的停机坪，应指可用于消防疏散的钢梯或坡道。建筑通向停机坪的出口不应少于 2 个，每个出口的宽度不宜小于 0.90 m。

（4）保护围栏。为防止净空超限和安全，需要设置既不超高又足够安全的围护栏杆。

（5）助航灯光。设置在起降区边缘的供夜航指示和超高警示的照明指示灯；可以是易折的助航灯，也可以是埋人式的助航地灯等。

（6）安全区。安全区用于防止直升机偏航时的备降区域。

（7）设置灭火设备。为了用于扑救避难人员携带来的火种，以及直升机可能发生的火灾。根据国家现行航空管理有关标准的规定，在停机坪的适当位置应设置消火栓。

▶第三章　初起火灾的处置与消防安全疏散

总结以往造成群死群伤及重大经济损失的特大火灾的教训，其中最根本的一点是要加强初起火灾的援救及提高人们火场疏散逃生的能力。基于此，本章主要对初起火灾的处置与消防安全疏散进行论述研究。

第一节　初起火灾的处置

任何单位和个人在发现火灾时，都有报告火警的义务；任何单位和成年人都有参加有组织的灭火工作的义务；公共场所发生火灾时，该公共场所的现场工作人员有组织、引导在场群众疏散的义务。这既是消防法所赋予每个单位和公民的义务，也是每个单位和公民保全自己的生命和财产免受火灾危害的必要措施。报警早，处置得当就能少受损失。

一、初起火灾处置预案的制定

在现实生活中，完全避免火灾是不可能的。由于公安消防队（站）的布局情况和路况等客观因素的影响，从接警到消防队进火场往往需要一定的时间，如果在此期间不采取有效措施，可能造成火势扩大蔓延，使损失扩大化，也给消防队扑救工作带来困难。单位在做好防火工作的同时，还要做好各种应急准备，一旦发生火灾或其他灾害事故，做到有备无患。制定初起火灾的处置预案。

并进行演练，在火灾初期有效利用本单位人员和消防器材，有组织地进行报警、灭火、引导疏散等活动，往往能有效控制火势蔓延，避免人员与财产的更大损失。

（一）单位情况与建筑情况

单位情况包括单位的地址、性质、规模，主要生产、经营、储存物质的火灾危险性等情况。

建筑情况包括建筑的高度、层数、主要功能、耐火等级、建筑面积、建筑消防设施设置、重要部位的物资、设备品类和数量以及火灾危险性等。

（二）火灾处置预案组织机构

组织机构包括总指挥部和下设的灭火行动组、通信联络组、疏散引导组、防护救护组四个小组。特殊行业或生产经营性企业可根据实际情况自行设定。如化工企业可针对某工艺装置火灾设立抢险处置组，由相关技术人员和操作工针对起火装置采取关、停、并、转等工艺措施，切断可燃物来源或切断其他装置与该装置之间的联系，以减轻事故危害。对银行或重要科研部门，则考虑要把抢救重要物资、资料放在重要位置，可设置重要物资、资料抢救组。

总指挥部一般设总指挥1名，副总指挥2名。总指挥一般由当时值班行政领导担任，副总指挥一般由保卫部门和安全生产部门的领导担任。副总指挥协助总指挥组织实施应急预案，总指挥未到时代行总指挥职责。

（1）灭火行动组。灭火行动组一般由义务消防队承担。组长由义务消防队队长担任，其主要任务是接到命令后立即组织实施灭火，并指定人员到单位门口迎接公安消防队消防车。对于远离公安消防队，且企业规模较大，或企业本身设有消防队的，还应该进一步制订灭火作战计划，以应对火势发展快、波及面大的火灾。灭火作战计划内容应包括水源位置、供水方案、道路管制、灭火车辆配置和针对预情的灭火作战战术方案等。

（2）通信联络组。通信联络组一般由消防控制室或总机室人员承担，组长由保卫部门值班领导担任，并根据值班情况设联络员若干人，主要任务是报警、联系启动固定消防设施、联系总指挥部，并传达总指挥的命令，或按照预案直接向各组或各楼层值班人员下达行动方案。

（3）疏散引导组。疏散引导组一般由车间或场所的管理人员、值班服务人员承担。如企业中的人员密集的车间，疏散引导主要由班组长承担，车间主任任组长，主要任务是发生火灾时立即通知所有在岗人员撤离，打开所有通道并引导人员疏散；对商场、宾馆或其他公共娱乐场所，疏散引导由值班服务人员承担，楼层主管担任组长，主要任务是呼叫顾客或楼层住留人员，查看各房间，在疏散楼梯口值守，随时关闭前室和楼梯间防火门，防止烟火窜入，对自然排烟的疏散走道或楼梯间要及时打开排烟窗，保障人员安全有序地疏散。

（4）防护救护组。防护救护组一般由单位的后勤保障部门承担，组长由分管领导担任，其主要任务是为一线灭火人员提供补充灭火器材、防护器材，如灭火器、防护服、防烟面罩、安全帽等，为疏散引导组提供电声喇叭、手电等。当有人员伤亡时，立即拨打急救电话"120"，并组织抢救接送伤员和协调医院救护等事宜。

（三）火灾处置预案实施方案

实施方案包括各组人员的集合地点、值守岗位、行动步骤等具体要求。

制定预案时要充分考虑各岗位人员的值班情况、体能情况，做到任何时段、重要地点都有人员在岗在位，确保万无一失。对重点单位，当单位内部存在多个火灾性质不同的重点部位时，还应当根据具体情况制定多个预案，以便应急实施。预案中还应列出各组人员名单、电话，以方便联络。

二、初起火灾应急预案的实施

（一）报告火警

在火灾发生时，及时报警是及时扑灭火灾的前提，这对于迅速扑救火灾、减轻火灾危害、减少火灾损失具有非常重要的作用。《消防法》规定：任何人发现火灾都应当立即报警。任何单位、个人都应当无偿为报警提供便利，不得阻拦报警。同时，严禁谎报火警。

报告火警主要是指发现火灾后，应当立即拨打火警电话"119"。

1.报告火警的对象

（1）向公安消防队报警。公安消防队是灭火的主要力量，即使失火单位有专职消防队，也应向公安消防队报警，绝不可等个人或单位扑救不了再向公安消防队报警，以免延误灭火最佳时机。

（2）向本单位或邻近单位专职、义务消防队报警。很多单位有专职消防队员，并配置了消防车等消防装备，单位一旦有火情发生，要尽快向其报警，以便争取时间投入灭火战斗。特别是单位距离公安消防队较远，邻近的其他企业有消防队的，应当就近报警求援。

（3）向受火灾威胁的人员发出警报，以便他们迅速做好疏散准备尽快疏散。装有火灾自动报警系统的场所，在火灾发生时会自动报警。没有安装火灾自动报警系统的场所，可以根据条件采取下列方法报警：使用警铃、汽笛或其他平时约定的报警手段报警，或使用应急广播系统，利用语音喇叭迅速通知被困人员。

（4）按灭火预案迅速向单位最高预案实施指挥组织人员报警，以迅速启动预案，并组织人员扑救和人员疏散。

2.报告火警的内容

在拨打"119"火警电话向公安消防队报火警时，必须讲清以下内容：

（1）发生火灾的单位或个人的详细地址。详细地址包括街道名称、门牌号码、靠近何处、附近有无明显的标志；大型企业要讲明分厂、车间或部门；高层建筑要讲明第几层等。总之，地址要讲得明确、具体。

（2）火灾概况。主要包括起火的时间、场所和部位，燃烧物的性质、火灾的类型、火势的大小，是否有人员被困、有无爆炸和毒气泄漏等。

（3）报警人基本情况。主要包括姓名、性别、年龄、单位、联系电话号码等。

（二）人员与物资的安全疏散

1.人员安全疏散的要点

公众聚集场所，医院的门诊楼、病房楼，学校的教学楼、图书馆、食堂和集体宿舍，养老院，福利院，托儿所，幼儿园，公共图书馆的阅览室，公共展览馆、博物馆的展示厅，劳动密集型企业的生产加工车间和员工集体宿舍，旅游活动场所等人员密集场所，一旦起火，如果疏散不力，极易造成人员群死群伤的严重后果。所以该处所发生火灾，人员疏散是头等任务。《消防法》规定：人员密集场所发生火灾，该场所的现场工作人员应当立即组织、引导在场人员疏散。组织人员疏散应注意以下问题：

（1）制订安全疏散计划。按人员的分布情况，制定在火灾等紧急情况下的安全疏散路线，并绘制平面图，用醒目的箭头标示出出入口和疏散路线。路线要尽量简捷，安全出口的利用率要平均。对工作人员要明确分工，平时要进行训练，以便火灾时按疏散计划组织人流有秩序地进行疏散。

（2）保证安全通道畅通无阻。在经营时间里，工作人员要坚守岗位，并保证安全走道、疏散楼梯和出口畅通无阻。安全出口不得锁闭，通道不得堆放物资。组织疏散时应进行宣传，稳定情绪，使大家能够积极配合，按指定路线尽快将在场人员疏散出去。对于起火层的疏散楼梯口，要有专门人员值守，随时关闭因人员进入而打开的防火门，防止烟气进入疏散楼梯间或前室。

（3）安全疏散时要酌情通报情况，做到有秩序疏散。对火场情况如何通报，可视具体火情而定。在火灾初期阶段，人们还不知道发生火灾，若被困人员多，且疏散条件差、火势发展比较缓慢，失火单位的领导和工作人员就应首先通知起火点附近、起火楼层和相邻的上下层或最不利区域内的人员，让他们先疏散出去，然后视情况再通报其他人员疏散。在火势猛烈，并且疏散条件较好的情况下，可同时公开通报，让全体人员疏散。也可通过消防控制室开启事故广播系统，按照烟、火蔓延扩散威胁的严重程度区分不同的区域层次顺序，逐楼层、逐区域地通知，并沉着、镇静地指明疏散路线和方向。此外，各区域的工作人员也要灵活运用扩音器、便携式扬声器等设备。

（4）分组实施引导。人员密集场所一旦发生火灾，人们可能会拥堵到通道口，造成拥挤，甚至发生踩踏事故。因此，疏散人员应迅速赶到各自负责的通道、楼梯及出口等地段，启用各种照明设施，用手势或喊话的方式引导人员疏散，稳定人员情绪，维护疏散秩序。

2.人员安全疏散的常用方法

（1）稳定情绪，维护现场秩序。火灾时，在场人员有烟气中毒、窒息以及被热辐射、热气流烧伤的危险。因此，发生火灾后，首先要了解火场有无被困人员及被困地点和抢救的通道，以便进行安全疏散。有时人们虽然未受到明火的直接威胁，但处于惊慌失措的紧张状态，此时通过消防应急广播或喊话宣传，稳定疏散人群的情绪。同时也要尽快地组织疏散，撤离火灾现场。一般情况下，绝大多数的火灾现场被困人员可以安全疏散或自救，脱离险境。因此，必须坚定自救意识，不惊慌失措，冷静观察，采取可行的措施进行疏散自救。

（2）鱼贯地撤离。疏散时，人员较多或能见度很差时，应在熟悉疏散通道的人员带领下，鱼贯地撤离起火点。带领人可用绳子牵领，用"跟着我"的喊话或前后扯着衣襟的方法将人员撤至楼梯间或室外安全地点。

（3）做好防护，低姿撤离。在撤离火场途中被浓烟所围困时，由于烟雾一般是向上流动，地面上的烟雾相对地说比较稀薄，因此，可采取低姿势行走或匍匐穿过浓烟区的方法，如果有条件，可用湿毛巾等捂住嘴、鼻或用短呼吸法，用鼻子呼吸，以便迅速撤出浓烟区。如果现场配有防烟面罩，要充分利用并正确佩戴。当烟雾较大时要注意观察疏散指示标志，防止走错路线，耽误时间。

（4）积极寻找正确逃生方法。在发生火灾时，首先应该想到通过安全出口、疏散通道和疏散楼梯迅速逃生。要求在入住时，首先阅读房间门后的疏散路线图，了解自己所处的位置，离哪个楼梯口近，出门后的转向；出门后要观察火灾的位置，寻找未遭烟火威胁的楼梯口，切勿盲目乱窜或奔向电梯（因为火灾时电梯的电源常常被切断，同时电梯井烟囱效应很强，烟火极易向此处蔓延）。在逃生的过程中，一旦人们蜂拥而出，造成安全出口的堵塞，或逃生之路被火焰和浓烟封住时，应充分利用建（构）筑物内配备的消防救生器材，如缓降器、缓降袋等，或选择落水管道和窗户进行逃生。通过窗户逃生时，可用窗帘或床单、被罩等撕成长条，挽接成安全绳，用于滑绳自救。当大火封门无法出逃时，可采用湿布塞填门缝阻止烟火窜入，或向门上泼水延长门的耐火时限，打开背火面窗户呼救，或用手电光、金属敲击声示警，绝对不能急于跳楼，以免发生不必要的伤亡。

（5）自身着火的应急处置办法。火灾时一旦外衣帽着火，应尽快地把衣帽脱掉，踩踏灭火，切记不能奔跑，防止把火种带到其他场所，引起新的着火点。当身上着火，着火人也可就地倒下打滚，把身上的火焰压灭；在场的其他人员也可用湿麻袋、毯子等物把着火人包裹起来以窒息火焰；或者向着火人身上浇水，帮助受害者将烧着的衣服撕下；或者跳入附近池塘、小河中将身上的火熄掉。

（6）保护疏散人员的安全，防止再入"火口"。火场上脱离险境的人员，往往因某种心理原因的驱使，不顾一切，想重新回到原处，急于救出被围困的亲人，或怕珍贵的财物被烧，想急切地抢救出来等。这不仅会使他们重新陷入危险境地，且给火场扑救工作带来困难。因此，火场指挥人员应组织安排好这些脱险人员、做好安慰工作，以保证他们的安全。特别是已经疏散到屋顶平台或室外露台的人员一定要稳定情绪，等待救援，切不可重返室内。

3.重要物资的安全疏散工作

（1）应及时疏散的物资：①疏散可能造成扩大火势和有爆炸危险的物资。②疏散性质重要、价值昂贵的物资；③疏散影响灭火战斗的物资。

（2）组织疏散的要求：①将参加疏散的职工或群众编成组，指定负责人，使整个疏散工作有秩序进行。②先疏散受水、火、烟威胁最大的物资。③尽量利用各类搬运机械进行疏散。④怕水的物资应用苫布进行保护。⑤根据火灾发展蔓延情况，当火灾失去控制时应及时撤出人员，保证物资抢救人员的安全。

4.火灾蔓延的控制措施

在初起火灾处置中，除救人和疏散物资外，还应当考虑控制火灾的蔓延。其具体措施如下：

（1）关闭防火门、防火卷帘。防火门、防火卷帘是防护分区分隔和保证人员疏散通道安全的重要设施。由于各种原因，一般常闭式防火门并不能保证关闭状态，因此发生火灾后应尽快关闭防火门，并在有人员疏散的门口有人值守，以便把火灾局部限制，防止蔓延扩大，防止烟气扩散流动，同时保证疏散路线的畅通。防火门、防火卷帘的关闭方式可以自动关闭，也可以手动关闭，应根据发现火灾时的具体情况确定：

1）根据火灾蔓延的基本规律，一般都是从起火层向上蔓延，而上层逃生者要通过起火层向下疏散。为防止起火层烟气窜入楼梯间或通过楼梯间向上蔓延，所以起火层的防火门及防火卷帘要首先关闭，其中楼梯间、中庭和自动扶梯等纵向分区为先，其次为水平分区、其他楼层依次关闭。

2）对自动关闭的防火门，在发现烟气后不要等待自动关闭。应用手动关闭。特别是安装有感温探测器的常开式防火门，由于烟气先行污染，可根据人员疏散情况，在确认人员基本疏散后尽早手动关闭，无须等待感温探测器动作。

3）关闭不带疏散小门的防火卷帘时，为防止烟气流入，可暂时下降一半。待疏散完毕后全部下降关严。

4）防火卷帘附近有可燃物时，尽可能移到远处后关闭。

（2）通风、空调设备的使用。起火时空调通风设备继续运转，烟会进入风道引起烟气扩散和由于送入新鲜空气而助长火灾蔓延扩大，原则上应立即关停。但对地下建筑起火，考虑到地下排烟不畅，立即关停通风设备有可能引起地下人员窒息，可适当延时，在确保人员疏散后立即关闭；对于避难走道和防烟楼梯间及其前室，应启动正压送风系统，使该区域保持正压状态，防止人员疏散时烟气进入。

（3）排烟设备的使用。排烟设备的作用是排除高温和有毒烟气，帮助顺利开展起火层的初期疏散和灭火。但该设备运转时，新鲜空气会流入起火区帮助燃烧，但从排烟机能排出高温烟气，同时也能延缓火灾蔓延的角度看，还是利大于弊，特别是有利于改善人员疏散的环境，也利于义务消防队的灭火活动，应尽早开启。排烟方式有自然排烟（设排烟窗等）和强制排烟（机械排烟）两种方式，采用何种方式应根据需要排烟的部位和现场具体情况灵活处置：

1）自然排烟的处置方式：①起火层的值班人员在起火同时操作手动开启装置（手柄、锁、拉绳等）打开排烟口。对于楼道尽端的固定排烟囱，可用重物直接击碎玻璃，以利排烟；对起火房间附近的窗户，由于室外空气会进入，造成烟气倒流反而扩大烟火蔓延不必开启。②起火楼层以外各层的疏散楼梯及其前室的排烟窗打开后在风向不利的情况下，有可能造成烟气倒灌，影响疏散时也可酌情关闭排烟窗。

2）机械排烟的处置方式：①机械排烟功率有限，原则上只考虑起火层火源附近的一个防烟分区的排烟；其他的防烟分区不可随便开启操作。②通过消防控制中心等进行广播指示，禁止起火层火源附近以外的排烟分区启动操作，有启动场所时应指示立即复位。③起火分区在手动启动排烟时，应同时报告消防控制中心。消防控制中心远距离进行排烟启动时要同起火层的安全值班员密切联系。④为了提高排烟效果，当不影响疏散时，应尽快关闭防火门、防火卷帘和释放挡烟垂壁。⑤为了防止烟火通过排烟管道蔓延，当确认火灾现场无人时，应及时强制切断排烟防火阀并关停排烟风机。

（4）电梯、自动扶梯的处置：

1）发生火灾时，电梯会形成烟气的通道，电源一旦断开还会使梯内人员困在电梯中，故应停止电梯的运转。

2）平时无人员操纵的电梯，应事先设定在避难层指定紧急停止，当电梯到达避难层后，使其停止运转，或由消防控制中心操控让消防电梯紧急停在避难层。

3）操作员同乘电梯时，一旦获知火灾信息，原则上直接停在停靠层，乘客下完后按运行停止按钮关门。若停靠层起火，应使电梯紧急停靠在起火层的下一层或上一层，切不可侥幸归底。

4）自动扶梯无论在起火层及其上下层，起火同时要停止运行，对其他楼层从下而上依次停止。停止时应按动扶梯上下位置旁的停止按钮，并同时通知消防控制室降落扶梯周围的防火卷帘。

（5）危险品的转移和处置：

1）火灾发生场所的可燃性危险品容器，燃气瓶、合成树脂等堆积物会引起燃烧爆炸，影响灭火行动，应尽可能转移到安全场所。对正在使用的燃气瓶等用火设备器具，要立即停止运行使用，关闭管道阀门式容器上的角阀切断气源。对已着火且闭角阀已失效的钢瓶应用边冷却边移动的方法迅速移至开阔地带，在冷却保护下，让其稳定燃烧，不必强行扑灭，避免因气体泄漏形成新的危险源。

2）当危险品无法移动时，由于危险品可能会发生爆炸，危及职工、消防员及附近居民的安全，应迅速向消防队报告，并及时将施救人员撤出危险区域。

3）高层建筑由于灭火活动使用大量的水往往会造成二次灾害，必须尽力不使消防水进入电气室、精密仪器室、电子计算机室、档案资料室、消防电梯等。为此，应对这些场所的出入口及起火层的楼梯出入口等采用防水布、沙土等拦挡防护措施。特别是对起火点以下的楼层，灭火时往往会有水从楼梯、管道井等纵向通道流下，对下层的这些部位要优先采取防水措施。

（三）初起火灾的扑救工作

火灾初起阶段，一般燃烧面积小、火势较弱，在场人员如果能采取正确的方法，就能将火扑灭。如果错过了初起灭火的时机或初起灭火失败，火势蔓延将造成惨重的损失。所以发生火灾的单位除应立即报警外，还必须立即组织力量扑救火灾，及时抢救人员生命和公私财产，这对防止火势扩大、减少火灾损失具有重要的意义。《消防法》规定：任何单位发生火灾，必须立即组织力量扑救。邻近单位应当给予支援。

1.火灾扑救的指导思想与原则

无论是义务消防人员还是专职消防队人员，在扑救初起火灾时，必须坚持"救人第一"的指导思想，遵循先控制后消灭、先重点后一般的原则。

（1）救人第一。火灾发生后，应当立即组织营救受困人员，疏散、撤离受到威胁的人员，坚持"救人第一"的指导思想，优先保障遇险人员的生命安全，把保护人民群众生命安全作为事故处置的首要任务，体现"以人为本"思想。

（2）先控制。先控制是指扑救火灾时，先把主要力量部署在火场上火势蔓延的主要方面，设兵堵截，对正在发展的火势实施有效控制，防止蔓延扩大，为迅速消灭火灾创造有利条件。对不同的火灾，有不同的控制方法。一般地说，有直接控制火势，如利用水枪射流、水幕等拦截火势，防止灾情扩大。对于易燃易爆企业的工艺装置起火，不可贸然断电，停止装置运行。首先要考虑采取工艺措施，如切断物料供应，切断热源供给，降低压力,或者采取放散燃烧等应急措施,防止火灾扩大和发生爆炸事故。也有间接控制火势,如对燃烧的和邻近的液体或气体储罐进行冷却,防止罐体变形破坏或爆炸,防止油品沸溢,阻止可燃液体流散,制止气体外喷扩散,防止飞火,防止复燃,排除或防止爆炸物发生爆炸等均是间接控制。

(3)后消灭。后消灭就是在控制火势的同时,集中兵力向火源展开全面进攻,逐一或全面彻底消灭火灾。后消灭,是在控制的前提下,主动向火点进攻,在控制过程中开始进行消灭,直到迅速全面彻底消灭火灾。在火场上,当灭火力量处于优势时,应在控制火势过程中积极主动及时消灭火灾;灭火力量处于劣势(不足)时,必须设法扭转被动局面,应积极主动从控制火势入手,控制火势蔓延或控制、减缓火势蔓延速度,或者选择作战重心,在某一方面设置阵地,控制火势向重要部位或可能发生爆炸使火灾失控的方向蔓延,并应积极调集增援力量,改变被动局面以成功灭火。

2.火灾扑救的基本战术措施

在火灾扑救中,要根据可燃物的不同选择合适的灭火器材,并适时地采取冷却、隔离、窒息、抑制等基本灭火方法扑灭初起火灾,一旦失去控制可视情况及时采取堵截、快攻、排烟、隔离等基本战术措施。

(1)堵截。堵截火势,防止蔓延或减缓蔓延速度,或在堵截过程中消灭火灾,是积极防御与主动进攻相结合的火灾扑救基本方法。在实际应用中,当单位灭火人员不能接近火场时,应根据着火对象及火灾现场实际,果断地在蔓延方向设置水枪阵地、水帘,关闭防火门、防火卷帘、挡烟垂壁等,堵截蔓延,防止火势扩大。

（2）快攻。当灭火人员能够接近火源时，应迅速利用身边的灭火器材灭火，将火势控制在初期低温少烟阶段。

（3）排烟。除启动建筑内部火灾场所的自动排烟设施外，利用门窗、破拆孔洞将高温浓烟排出建筑物外，也是引导火势蔓延方向、减少火灾损失的重要措施。

（4）隔离。针对大面积燃烧区或火情比较复杂的火场，根据火灾扑救的需要，将燃烧区分割成两个或数个战斗区段，以便于分别部署力量将火扑灭。

3.初起火灾的灭火要领

初起火灾在灭火时要有效地利用灭火器、消防水桶、室内消火栓等消防设施与器材，以及可资利用的其他简易灭火工具，如灭火毯、湿被褥和铁锹、沙土等。

（1）离火灾现场最近的人员，应根据火灾的种类正确有效地利用附近灭火器等设备与器材进行灭火，且尽可能多地集中在火源附近连续使用。

（2）灭火人员在使用灭火器具的同时，要利用最近的室内消火栓进行初期火灾扑救。

（3）灭火时要考虑水枪和灭火器的有效射程，尽可能靠近火源，压低姿势，向燃烧着的物体喷射。

（4）灭火人员要注意个人防护，根据火情准确判断火灾对自身安全的影响。火灾初起时可只身灭火，稍大时要双人操作，准备接应并采取简易防烟措施。

三、火灾处置中的现场保护工作

火灾处置中，发生火灾的单位和相关人员在扑救火灾、组织人员疏散与物资抢救的同时，应当按照公安机关消防机构的要求保护现场，以防止不经意行为破坏火灾现场。

（一）火灾现场保护的目的

火灾现场是火灾发生、发展和熄灭过程的真实记录，是公安机关和消防机构调查认定火灾原因的物质载体。保护火灾现场的目的是火灾调查人员发现、提取到客观、真实、有效的火灾痕迹、物证，确保火灾原因认定的准确性。因此保护火灾现场不仅是火灾扑灭后的事情，在火灾扑救期间就应该实施一定的保护措施。

（二）扑救工作中火灾现场保护的要求

（1）在抢救人员时，特别是抢救火灾中的受伤死亡人员时一定要准确记录伤亡人员的所在位置、躺倒的姿势、受伤部位、衣物的烧损部位（必要时要将残留的衣物收集保存）、躺倒位下面地面的烧损和污染情况、附近物质的状态，以及伤亡人员当时有无生命迹象等。

（2）在抢救物资时，记录当时火势发展的方向和周围物资的烧损情况，从起火部位附近所抢救出来的物资要专门放置，记住前后顺序，以便公安消防机构人员在火灾现场勘查时对起火部位的情况进行复原勘查。

（3）除了有组织地进行人员抢救与物资抢救外，应禁止其他无关人员进入现场，防止这些人随意移动现场物件或破坏现场。当不能确定无关人员时，应记录进入现场的人员姓名及活动范围。

（4）对爆炸现场，除对现场进行看守外，还应对周围的爆炸抛出物进行监控，防止有人拿走，以免影响对爆炸物的认定以及对爆炸威力的分析计算。

（5）在处置火灾初期，要及时记录对电源、火源、气源的处置过程、处置人等情况。

（6）单位保卫人员在侦查火情时，应注意保护起火部位和起火点，并在公安消防队到达时，及时告知消防队，以便消防队实施灭火行动。特别是在扫灭残火时，尽量不实施破拆或变动物品的位置，以保持起火部位燃烧的自然状态。

（7）单位保卫人员要服从统一指挥，遵守纪律，坚守岗位，不得擅离职守，除杜绝其他人员进入现场外，保卫人员本人也不得私自进入现场，不准触摸、移动、拿用现场物品，自始至终保护好现场，防止人为破坏。

（8）对露天现场，首先要将发生火灾的地点和留有火灾痕迹、物证的一切场所划入保护范围。在情况尚不明确时，可以将保护范围适当扩大一些，待公安消防现场勘查人员到达后，再酌情缩小保护区，同时按公安消防部门的要求布置警戒。对重要部位可绕红白相间的警戒带划出警戒圈或设置屏障遮挡。如果火灾发生在一般交通道路上或农村，可实行全部封锁或部分封锁重要的进出口处，布置路障并派专人看守；在城市由于行人、车辆流量大，封锁范围应尽量缩小，并由专门人员负责治安警戒、疏导行人和车辆。

对室内现场，主要是在室外门窗下布置专人看守，或者对重点部位加封；对现场的室外和院落也应划出一定的禁入范围。对于私人房间要做好房主的安抚工作，讲清道理，劝其不要急于清理。

对大型火灾现场，可利用原有的围墙、栅栏等进行封锁隔离，尽量不要影响交通和居民生活。

（三）痕迹或物证的现场保护方法

对于可能证明火灾蔓延方向和火灾原因的任何痕迹、物证，均应严加保护。为了引起人们注意，可在留有痕迹或物证的地点做出保护标志。对室外某些痕迹、物证、尸体等应用席子、塑料布等加以遮盖。对现场抢救出来的物品，不要急于清理，统一堆放并做适当标记，予以保护。

（四）现场保护工作的应急措施

保护现场的人员不仅限于布置警戒、封锁现场、保护痕迹物证，由于现场上有时会出现一些紧急情况，所以现场保护人员要提高警惕，随时掌握现场的动态，发现问题时，负责保护现场的人员应及时对不同的情况积极采取有效措施进行处理，并及时向有关部门报告。

（1）扑灭后的火场往往可能出现复燃，甚至二次成灾时，要迅速有效地实施扑救，酌情及时报警。有的火场扑灭后善后事宜未尽，现场保护人员应及时发现，积极处理，如发现易燃液体或者可燃气体泄漏，应关闭阀门；发现有导线落地时，应切断有关电源；有遗漏的尸体时，应及时通知消防部门处理。

（2）对遇有人命危急的情况，应立即设法施行急救；对遇有趁火打劫，或者二次放火的，要及时采取有效措施；对打听消息、反复探视、问询火场情况以及行为可疑的人要多加小心，纳入视线后，必要情况下报告公安机关。

（3）危险物品发生火灾时，无关人员不要靠近，危险区域实行隔离，禁止进入，人要站在上风口方向，离开低洼处。对于那些一接触就可能被灼伤，或有毒物品、放射性物品的火灾现场，进入现场的人，要佩戴滤烟口罩或呼吸器，穿全身防护衣；对有可能泄露放射线的装置要等待放射线主管人员到达，按其指示处理，清扫现场。

（4）被烧坏的建筑物有倒塌危险并危及他人安全时，应采取措施使其固定。如受条件限制不能使其固定时，应在其倒塌之前，仔细观察并记下倒塌前的烧毁情况，必要时可对随时可能倒塌的建筑采取拆除，但应对原始状态进行照相或录像；采取移动措施时，尽量使现场少受破坏，事前应详细记录现场原貌或照相固定。

第二节　消防安全疏散

一、安全出口与疏散出口

安全出口和疏散出口的位置、数量、宽度对于满足人员安全疏散至关重要。建筑的使用性质、高度、区域的面积及内部布置、室内空间高度均对疏散出口的设计有重要影响。设计时应区别对待，充分考虑区域内使用人员的特性，合理确定相应的疏散设施，为人员疏散提供安全的条件。

（一）安全出口

安全出口是供人员安全疏散用的楼梯间、室外楼梯的出入口或直通室内外安全区域的出口。

1.疏散楼梯

（1）平面布置。为了提高疏散楼梯的安全可靠程度，在进行疏散楼梯的平面布置时，应满足下列防火要求：

1）疏散楼梯宜设置在标准层（或防火分区）的两端，以便于为人们提供两个不同方向的疏散路线。

2）疏散楼梯宜靠近电梯设置。发生火灾时，人们习惯于利用经常走的疏散路线进行疏散，而电梯则是人们经常使用的垂直交通运输工具，靠近电梯设置疏散楼梯，可将常用疏散路线与紧急疏散路线相结合，有利于人们快速进行疏散。如果电梯厅为开敞式时，为避免因高温烟气进入电梯井而切断通往疏散楼梯的通道，两者之间应进行防火分隔。

3）疏散楼梯宜靠外墙设置。这种布置方式有利于采用带开敞前室的疏散楼梯间，同时，也便于自然采光、通风和进行火灾的扑救。

（2）竖向布置。在进行疏散楼梯的竖向布置时，应满足下列防火要求：

1）疏散楼梯应保持上、下畅通。高层建筑的疏散楼梯宜通至平屋顶，以便当向下疏散的路径发生堵塞或被烟气切断时，人员能上到屋顶暂时避难，等待消防部门利用登高车或直升机进行救援。

2）应避免不同的人流路线相互交叉。高层部分的疏散楼梯不应和低层公共部分（指裙房）的交通大厅、楼梯间、自动扶梯混杂交叉，以免紧急疏散时两部分人流发生冲突，引起堵塞和意外伤亡。

2.疏散门

疏散门是人员安全疏散的主要出口，其设置应满足下列要求：

（1）疏散门应向疏散方向开启，但人数不超过60人的房间且每扇门的平均疏散人数不超过30人时，其门的开启方向不限(除甲、乙类生产车间外)。

（2）民用建筑及厂房的疏散门应采用平开门，不应采用推拉门、卷帘门、吊门、转门和折叠门。但丙、丁、戊类仓库首层靠墙的外侧可采用推拉门或卷帘门。

（3）当门开启时，门扇不应影响人员的紧急疏散。

（4）公共建筑内安全出口的门应设置在火灾时从内部易于开启门的装置；人员密集的公共场所、观众厅的入场门、疏散出口不应设置门槛，从门扇开启90°的门边处向外1.4 m范围内不应设置踏步，疏散门应为推闩式外开门。

（5）高层建筑直通室外的安全出口上方，应设置挑出宽度不小于1m的防护挑檐。

3.一般安全出口的设置要求

为了在发生火灾时能够迅速安全地疏散人员，在建筑防火设计时必须设置足够数量的安全出口。每座建筑或每个防火分区的安全出口数目不应少于2个，每个防火分区相邻2个安全出口或每个房间疏散出口最近边缘之间的水平距离不应小于5 m。安全出口应分散布置，并应有明显标志。

一、二级耐火等级的建筑，当一个防火分区的安全出口全部直通室外确有困难时，符合下列规定的防火分区可利用设置在相邻防火分区之间向疏散方向开启的甲级防火门作为安全出口。

（1）该防火分区的建筑面积大于1000 m²时，直通室外的安全出口数量不应少于2个；该防火分区的建筑面积小于或等于1000 m²时，直通室外的安全出口数量不应少于1个。

（2）该防火分区直通室外或避难走道的安全出口总净宽度，不应小于计算所需总净宽度的70%。

4.公共建筑安全出口的设置要求

除歌舞娱乐放映游艺场所外的公共建筑，当符合下列条件之一时，可设置1个安全出口：

（1）除托儿所、幼儿园外，建筑面积不大于200 m²且人数不超过50人的单层建筑或多层建筑的首层。

（2）除医疗建筑、老年人建筑及托儿所、幼儿园的儿童用房和儿童游乐厅等儿童活动场所外，符合相关规定的二、三层建筑。

（3）一、二级耐火等级公共建筑，当设置不少于2部疏散楼梯且顶层局部升高层数不超过2层、人数之和不超过50人、每层建筑面积不大于200 m²时，该局部高出部位可设置一部与下部主体建筑楼梯间直接连通的疏散楼梯，但至少应另设置一个直通主体建筑上人平屋面的安全出口，该上人屋面应符合人员安全疏散要求。

（4）相邻两个防火分区（除地下室外），当防火墙上有防火门连通，且两个防火分区的建筑面积之和不超过规范规定的一个防火分区面积的1.40倍的公共建筑。

（5）公共建筑中位于两个安全出口之间的房间，当其建筑面积不超过60 m²时，可设置一个门，门的净宽不应小于0.9 m；公共建筑中位于走道尽端的房间，当其建筑面积不超过75 m²时，可设置一个门，门的净宽不应小于1.40 m。

5.住宅建筑安全出口的设置要求

住宅建筑每个单元每层的安全出口不应少于2个，且两个安全出口之间的水平距离不应小于5 m。符合下列条件时，每个单元每层可设置1个安全出口：

（1）建筑高度不大于27 m，每个单元任一层的建筑面积小于650 m²且任一套房的户门至安全出口的距离小于15 m。

（2）建筑高度大于27 m且不大于54 m，每个单元任一层的建筑面积小于650 m²且任一套房的户门至安全出口的距离不大于

10 m，户门采用乙级防火门，每个单元设置一座通向屋顶的疏散楼梯，单元之间的楼梯通过屋顶连通。

（3）建筑高度大于 54 m 的多单元建筑，每个单元任一层的建筑面积小于 650 m² 且任一套房的户门至安全出口的距离不大于 10 m，户门采用乙级防火门，每个单元设置一座通向屋顶的疏散楼梯，54 m 以上部分每层相邻单元的疏散楼梯通过阳台或凹廊连通。

6.厂房、仓库安全出口的设置要求

厂房、仓库的安全出口应分散布置。每个防火分区、一个防火分区的每个楼层，相邻 2 个安全出口最近边缘之间的水平距离不应小于 5 m。厂房、仓库符合下列条件时，可设置 1 个安全出口：

（1）甲类厂房，每层建筑面积不超过 100 m²，且同一时间的生产人数不超过 5 人。

（2）乙类厂房，每层建筑面积不超过 150 m²，且同一时间的生产人数不超过 10 人。

（3）丙类厂房，每层建筑面积不超过 250 m²，且同一时间的生产人数不超过 20 人。

（4）丁、戊类厂房，每层建筑面积不超过 400 m²，且同一时间内的生产人数不超过 30 人。

（5）地下、半地下厂房或厂房的地下室、半地下室，其建筑面积不大于 50 m² 且经常停留人数不超过 15 人。

（6）一座仓库的占地面积不大于 300 m² 或防火分区的建筑面积不大于 100 m²。

（7）地下、半地下仓库或仓库的地下室、半地下室，建筑面积不大于 100 m²。

需要特别注意的是，地下、半地下建筑每个防火分区的安全出口数目不应少于 2 个。但由于地下建筑设置较多的地上出口有困难，因此当有 2 个或 2 个以上防火分区相邻布置时，每个防火分区可利用防火墙上一个通向相邻分区的甲级防火门作为第二安全出口，但每个防火分区必须有 1 个直通室外的安全出口。

（二）疏散出口

疏散出口包括疏散门和安全出口：疏散门是直接通向疏散走道的房间门、直接开向疏散楼梯间的门（如住宅的户门）或室外的门，不包括套间内的隔间门或住宅套内的房间门；安全出口是疏散出口的一个特例。

民用建筑应根据建筑的高度、规模、使用功能和耐火等级等因素合理设置安全疏散设施。安全出口、疏散门的位置、数量和宽度应满足人员安全疏散的要求。

（1）建筑内的安全出口和疏散门应分散布置，并应符合双向疏散的要求。

（2）公共建筑内各房间疏散门的数量应经计算确定且不应少于 2 个，每个房间相邻 2 个疏散门最近边缘之间的水平距离不应小于 5 m。

（3）除托儿所、幼儿园、老年人建筑、医疗建筑、教学建筑内位于走道尽端的房间外，符合下列条件之一的房间可设置 1 个疏散门：①位于 2 个安全出口之间或袋形走道两侧的房间，对于托儿所、幼儿园、老年人建筑，建筑面积不大于 50 m²；对于医疗建筑、教学建筑，建筑面积不大于 75 m²；对于其他建筑或场所，建筑面积不大于 120 m²。②位于走道尽端的房间，建筑面积小于 50 m² 且疏散门的净宽度不小于 0.90 m，或由房间内任一点至疏散门的直线距离不大于 15 m、建筑面积不大于 200 m² 且疏散门的净宽度不小于 1.40 m。③歌舞娱乐放映游艺场所内建筑面积不大于 50 m² 且经常停留人数不超过 15 人的厅、室或房间。④建筑面积不大于 200 m² 的地下或半地下设备间；建筑面积不大于 50 m² 且经常停留人数不超过 15 人的其他地下或半地下房间。

对于一些人员密集的场所，如剧院、电影院和礼堂的观众厅等，其疏散出口数目应经计算确定，且不应少于 2 个。为保证安全疏散，应控制通过每个安全出口的人数：即每个疏散出口的平均疏散人数不应超过 250 人；当容纳人数超过 2000 人时，其超过 2000 人的部分，每个疏散出口的平均疏散人数不应超过 400 人。

体育馆的观众厅，其疏散出口数目应经计算确定，且不应少于 2 个，每个疏散出口的平均疏散人数不宜超过 400～700 人。

高层建筑内设有固定座位的观众厅、会议厅等人员密集场所，观众厅每个疏散出口的平均疏散人数不应超过 250 人。

二、疏散走道与避难走道

疏散走道贯穿整个安全疏散体系，是确保人员安全疏散的重要因素。其设计应简捷明了，便于寻找、辨别，避免布置成"S"形、"U"形或袋形。

（一）疏散走道

疏散走道是指发生火灾时，建筑内人员从火灾现场逃往安全场所的通道。疏散走道的设置应保证逃离火场的人员进入走道后，能顺利地继续通行至楼梯间，到达安全地带。疏散走道的设置应满足以下要求：

（1）走道应简捷，并按规定设置疏散指示标志和诱导灯。

（2）在 1.8 m 高度内不宜设置管道、门垛等突出物，走道中的门应向疏散方向开启。

（3）尽量避免设置袋形走道。

（4）疏散走道是火灾时必经之路，为第一安全地带，所以必须保证它的耐火性能。走道中墙面、顶棚、地面的装修应符合《建筑内部装修设计防火规范》（GB 50222—2017）的要求。同时，走道与房间隔墙应砌至梁、板底部并全部填实所有空隙。

（5）疏散走道在防火分区处应设置常开甲级防火门。

（二）避难走道

避难走道是指设置防烟设施且两侧采用防火墙分隔，用于人员安全通行至室外的走道。避难走道的设置应符合下列规定：

（1）走道楼板的耐火极限不应低于 1.50 h。

（2）走道直通地面的出口不应少于 2 个，并应设置在不同方向；当走道仅与 1 个防火分区相通且该防火分区至少有 1 个直通室外的安全出口时，可设置 1 个直通地面的出口。

（3）走道的净宽度不应小于任一防火分区通向走道的设计疏散总净宽度。

（4）走道内部装修材料的燃烧性能应为 A 级。

（5）防火分区至避难走道入口处应设置防烟前室，前室的使用面积不应小于 6 m²，开向前室的门应采用甲级防火门，前室开向避难走道的门应采用乙级防火门。

（6）走道内应设置消火栓、消防应急照明、应急广播和消防专线电话。

三、疏散楼梯与楼梯间

当建筑物发生火灾时，普通电梯没有采取有效的防火防烟措施，且供电中断，一般会停止运行，上部楼层的人员只有通过楼梯才能疏散到建筑物的外面，因此楼梯成为最主要的垂直疏散设施之一。

（一）疏散楼梯间的设置要求

（1）楼梯间应能天然采光和自然通风，并宜靠外墙设置。靠外墙设置时，楼梯间及合用前室的窗口与两侧门、窗洞口最近边缘之间的水平距离不应小于 1 m。

（2）楼梯间内不应设置烧水间、可燃材料储藏室。

（3）楼梯间不应设置卷帘门。

（4）楼梯间内不应有影响疏散的突出物或其他障碍物。

（5）楼梯间内不应敷设或穿越甲、乙、丙类液体的管道。公共建筑的楼梯间内不应敷设或穿越可燃气体管道。居住建筑的楼梯间内不宜敷设或穿越可燃气体管道，不宜设置可燃气体计量表；当必须设置时，应采用金属配管和设置切断气源的装置等保护措施。

（6）除通向避难层错位的疏散楼梯外，建筑中的疏散楼梯间在各层的平面位置不应改变。

（7）用作丁、戊类厂房内第二安全出口的楼梯可采用金属梯，但净宽度不应小于 0.90 m，倾斜角度不应大于 45°。丁、戊类高层厂房，当每层工作平台上的人数不超过 2 人且各层工作平台上同时工作的人数总和不超过 10 人时，其疏散楼梯可采用敞开楼梯或利用净宽度不小于 0.90 m、倾斜角度不大于 60°的金属梯。

（8）疏散用楼梯和疏散通道上的阶梯不宜采用螺旋楼梯和扇形踏步。必须采用时，踏步上、下两级所形成的平面角度不应大于 10°，且每级离扶手 250 mm 处的踏步深度不应小于 220 mm。

（9）高度大于 10 m 的三级耐火等级建筑应设置通至屋顶的室外消防梯。室外消防梯不应面对老虎窗，宽度不应小于 0.6 m，且宜从距地面 3 m 高处设置。

（10）除住宅建筑套内的自用楼梯外，地下、半地下室与地上层不应共用楼梯间，必须共用楼梯间时，在首层应采用耐火极限不低于 2 h 的不燃烧体隔墙和乙级防火门将地下、半地下部分与地上部分的连通部位完全分隔，并应有明显标志。

（二）敞开楼梯间

敞开楼梯间是低、多层建筑常用的基本形式，也称普通楼梯间。该楼梯的典型特征是，楼梯与走廊或大厅都是敞开在建筑物内，在发生火灾时不能阻挡烟气进入，而且可能成为向其他楼层蔓延的主要通道。敞开楼梯间安全可靠程度不大，但使用方便、经济，适用于低、多层的居住建筑和公共建筑。

（三）封闭楼梯间

封闭楼梯间是指设有能阻挡烟气的双向弹簧门或乙级防火门的楼梯间，封闭楼梯间有墙和门与走道分隔，比敞开楼梯间安全。但因其只设有一道门，在火灾情况下人员进行疏散时难以保证不使烟气进入楼梯间，所以应对封闭楼梯间的使用范围加以限制。

1.封闭楼梯间的适用范围

多层公共建筑的疏散楼梯，除与敞开式外廊直接相连的楼梯间外，均应采用封闭楼梯间。具体如下：

（1）医疗建筑、旅馆、老年人建筑。

（2）设置歌舞娱乐放映游艺场所的建筑。

（3）商店、图书馆、展览建筑、会议中心及类似使用功能的建筑。

（4）6层及以上的其他建筑。

高层建筑的裙房、建筑高度不超过32 m的二类高层建筑、建筑高度大于21 m且不大于33 m的住宅建筑，其疏散楼梯间应采用封闭楼梯间。当住宅建筑的户门为乙级防火门时，可不设置封闭楼梯间。

2.封闭楼梯间的设置要求

（1）封闭楼梯间应靠外墙设置，并设可开启的外窗排烟，当不能天然采光和自然通风时，应按防烟楼梯间的要求设置。

（2）建筑设计中为方便通行，常把首层的楼梯间敞开在大厅中。此时楼梯间的首层可将走道和门厅等包括在楼梯间内，形成扩大的封闭楼梯间，但应采用乙级防火门等措施与其他走道和房间隔开。

（3）除楼梯间门外，楼梯间的内墙上不应开设其他的房间门窗及管道井、电缆井的门或检查口。

（4）高层建筑、人员密集的公共建筑、人员密集的多层丙类厂房设置封闭楼梯间时，楼梯间的门应采用乙级防火门，并应向疏散方向开启；其他建筑封闭楼梯间的门可采用双向弹簧门。

（四）防烟楼梯间

防烟楼梯间是指在楼梯间入口处设有前室或阳台、凹廊，通向前室、阳台、凹廊和楼梯间的门均为乙级防火门的楼梯间。防烟楼梯间设有两道防火门和防排烟设施，发生火灾时能作为安全疏散通道，是高层建筑中常用的楼梯间形式。

1.防烟楼梯间的常见类型

（1）带阳台或凹廊的防烟楼梯间。带开敞阳台或凹廊的防烟楼梯间的特点是以阳台或凹廊作为前室，疏散人员须通过开敞的前室和两道防火门才能进入楼梯间内。

（2）带前室的防烟楼梯间。①利用自然排烟的防烟楼梯间。在平面布置时，设靠外墙的前室，并在外墙上设有开启面积不小于的窗户，平时可以是关闭状态，但发生火灾时窗户应全部开启。由走道进入前室和由前室进入楼梯间的门必须是乙级防火门，平时及火灾时乙级防火门处于关闭状态。②采用机械防烟的楼梯间。楼梯间位于建筑物的内部，为防止火灾时烟气侵入，采用机械加压方式进行防烟。加压方式有仅给楼梯间加压、分别对楼梯间和前室加，以及仅对前室或合用前室加压等不同方式。

2.防烟楼梯间的适用范围

发生火灾时，防烟楼梯间能够保障所在楼层人员安全疏散，是高层和地下建筑中常用的楼梯间形式。在下列情况下应设置防烟楼梯间：

（1）一类高层建筑及建筑高度大于 32 m 的二类高层建筑。

（2）建筑高度大于 33 m 的住宅建筑。

（3）建筑高度大于 32 m 且任一层人数超过 10 人的高层厂房。

（4）当地下层数为 3 层及 3 层以上，以及地下室内地面与室外出入口地坪高差大于 10 m 时。

3.防烟楼梯间的设置要求

防烟楼梯间除应满足疏散楼梯的设置要求外，还应满足以下要求：

（1）当不能天然采光和自然通风时，楼梯间应按规定设置防烟设施，并应设置应急照明设施。

（2）在楼梯间入口处应设置防烟前室、开敞式阳台或凹廊等。前室可与消防电梯间的前室合用。

（3）前室的使用面积：公共建筑不应小于 6 m²，居住建筑不应小于 4.5 m²。合用前室的使用面积：公共建筑、高层厂房以及高层仓库不应小于 10 m²，居住建筑不应小于 6 m²。

（4）疏散走道通向前室以及前室通向楼梯间的门应采用乙级防火门，并应向疏散方向开启。

（5）除楼梯间门和前室门外，防烟楼梯间及其前室的内墙上不应开设其他门窗洞口。

（五）室外疏散楼梯

在建筑的外墙上设置全部敞开的室外楼梯，不易受烟火的威胁，防烟效果和经济性都较好。

1.室外楼梯的适用范围

（1）甲、乙、丙类厂房。

（2）建筑高度大于 32 m 且任一层人数超过 10 人的丁、戊类高层厂房。

（3）辅助防烟楼梯。

2.室外楼梯的构造要求

室外楼梯作为疏散楼梯应符合下列规定：

（1）栏杆扶手的高度不应小于 1.1 m；楼梯的净宽度不应小于 0.9 m。

（2）倾斜度不应大于 45°。

（3）楼梯和疏散出口平台均应采取不燃材料制作。平台的耐火极限不应低于 1 h，楼梯段的耐火极限不应低于 0.25 h。

（4）通向室外楼梯的门宜采用乙级防火门，并应向室外开启；门开启时，不得减少楼梯平台的有效宽度。

（5）除疏散门外，楼梯周围 2 m 内的墙面上不应设置其他门、窗洞口，疏散门不应正对楼梯段。

高度大于 10 m 的三级耐火等级建筑应设置通至屋顶的室外消防梯。室外消防梯不应面对老虎窗，宽度不应小于 0.6 m，且宜从距地面 3 m 高处设置。

（六）剪刀楼梯

剪刀楼梯又称叠合楼梯或套梯，是在同一个楼梯间内设置了一对既相互交叉、又相互隔绝的疏散楼梯。剪刀楼梯在每层楼层之间的梯段一般为单跑梯段。同一个楼梯间内设有两部疏散楼梯，并构成两个出口，有利于在较为狭窄的空间内组织双向疏散。

剪刀楼梯的两条疏散通道是处在同一空间内，只要有一个出口进烟，就会使整个楼梯间充满烟气，影响人员的安全疏散，为防止出现这种情况应采取下列防火措施：

（1）剪刀楼梯应具有良好的防火、防烟能力，应采用防烟楼梯间，并分别设置前室。

（2）为确保剪刀楼梯两条疏散通的功能，其梯段之间应设置耐火极限不低于 1 h 的实体墙分隔。

（3）楼梯间内的加压送风系统不应合用。

四、避难层与避难间

避难层是超高层建筑中专供发生火灾时人员临时避难使用的

楼层。如果作为避难使用的只有几个房间，则这几个房间称为避难间。

（一）避难层

封闭式避难层周围设有耐火的围护结构（外墙、楼板），室内设有独立的空调和防排烟系统，如在外墙上开设窗口时，应采用防火窗。这种避难层设有可靠的消防设施，足以防止烟气和火焰的侵害，同时还可以避免外界气候条件的影响，因而适用于我国南北方广大地区。

1.避难层的设置条件与避难人员面积指标

（1）设置条件。建筑高度超过 100 m 的公共建筑和住宅建筑应设置避难层。

（2）面积指标。避难层（间）的净面积应能满足设计避难人数避难的要求，可按 5 人 /m^2 计算。

2.避难层的设置数量

根据目前国内主要配备的 50 m 高云梯车的操作要求，规范规定从首层到第一个避难层之间的高度不应大于 50 m，以便火灾时可用云梯车将停留在避难层的人员救援下来。结合各种机电设备及管道等所在设备层的布置需要和使用管理，以及普通人爬楼梯的体力消耗情况，两个避难层之间的高度应不大于 45 m。

3.避难层的防火构造要求

（1）为保证避难层具有较长时间抵抗火烧的能力，避难层的楼板宜采用现浇钢筋混凝土楼板，其耐火极限不应低于 2 h。

（2）为保证避难层下部楼层起火时不致使避难层地面温度过高，在楼板上宜设隔热层。

（3）避难层四周的墙体及避难层内的隔墙，其耐火极限不应低于 3 h，隔墙上的门应采用甲级防火门。

（4）避难层可与设备层结合布置。在设计时应注意的是，各种设备、管道竖井应集中布置，分隔成间，既方便设备的维护管理，又可使避难层的面积完整。易燃、可燃液体或气体管道，排烟管道应集中布置，并采用防火墙与避难区分隔；管道井、设备间应采用耐火极限不低于 2 h 的防火隔墙与避难区分隔。

4.避难层的安全疏散

为保证避难层在建筑物起火时能正常发挥作用，避难层应至少有两个不同的疏散方向可供疏散。通向避难层的防烟楼梯间，其上、下层应错位或断开布置，这样楼梯间里的人都要经过避难层才能上楼或下楼，为疏散人员提供了继续疏散还是停留避难的选择机会。同时，使上、下层楼梯间不能相互贯通，减弱了楼梯间的"烟囱"效应。楼梯间的门宜向避难层开启，在避难层进入楼梯间的入口处应设置明显的指示标志。

为了保障人员安全，消除或减轻人们的恐惧心理，在避难层应设应急照明，其供电时间不应小于 1 h，照度不应低于 1 lx。除避难间外，避难层应设置消防电梯出口。消防电梯是供消防人员灭火和救援使用的设施，在避难层必须停靠；而普通电梯因不能阻挡烟气进入，则严禁在避难层开设电梯门。

5.避难层的其他消防设施

（1）通风与防排烟系统。避难层应设置直接对外的可开启窗口或独立的机械防烟设施，外窗应采用乙级防火窗或耐火极限不低于 1 h 的 C 类防火窗。

（2）灭火设施。为了扑救超高层建筑及避难层的火灾，在避难层应配置消火栓和消防软管卷盘。

（3）消防专线电话和应急广播设备。避难层在火灾时停留为数众多的避难者，为了及时和防灾中心及地面消防部门互通信息，避难层应设有消防专线电话和应急广播。

（二）避难间

建筑高度大于 24 m 的病房楼，应在 2 层及 2 层以上各楼层设置避难间。避难间除应符合上述规定外，尚应符合下列规定：

（1）避难间的使用面积应按每个护理单元不小于 25 m^2 确定。

（2）当电梯前室内有 1 部及 1 部以上病床梯兼作消防电梯时，可利用电梯前室作为避难间。

五、消防逃生疏散辅助设施

（一）应急照明与疏散指示标志

在发生火灾时，为了保证人员的安全疏散以及消防扑救人员的正常工作，必须保持一定的电光源，据此设置的照明总称为火灾应急照明；为防止疏散通道在火灾下骤然变暗，就要保证一定的亮度，抑制人们心理上的恐惧，确保疏散安全，以显眼的文字、鲜明的箭头标记指明疏散方向，引导疏散，这种用信号标志的照明，称为疏散指示标志。

1.应急照明

（1）应急照明的设置场所。除单、多层住宅外，民用建筑、厂房和丙类仓库的下列部位，应设置疏散应急照明灯具：①封闭楼梯间、防烟楼梯间及其前室、消防电梯间的前室或合用前室和避难层（间）。②消防控制室、消防水泵房、自备发电机房、配电室、防烟与排烟机房以及发生火灾时仍需正常工作的其他房间。③观众厅、展览厅、多功能厅和建筑面积超过 200 m² 的营业厅、餐厅、演播室。④建筑面积超过 100 m² 的地下、半地下建筑或地下室、半地下室中的公共活动场所。⑤公共建筑中的疏散走道。

（2）应急照明的设置要求。建筑内消防应急照明灯具的照度应符合的规定：①疏散走道的地面最低水平照度不应低于 1lx。②人员密集场所、避难层（间）内的地面最低水平照度不应低于 3 lx。③楼梯间、前室或合用前室、避难走道的地面最低水平照度不应低于 5 lx。④消防控制室、消防水泵房、自备发电机房、配电室、防烟与排烟机房以及发生火灾时仍需正常工作的其他房间的消防应急照明，仍应保证正常照明的照度。消防应急照明灯具宜设置在墙面的上部、顶棚上或出口的顶部。

2.疏散指示标志

（1）疏散指示标志的设置场所。公共建筑及其他一类高层民用建筑，高层厂房（仓库）及甲、乙、丙类厂房应沿疏散走道和在安全出口、人员密集场所的疏散门的正上方设置灯光疏散指示标志。下列建筑或场所应在其内疏散走道和主要疏散路线的地面上增设能保持视觉连续的灯光疏散指示标志或蓄光疏散指示标志：①总建筑面积超过 8000 m² 的展览建筑。②总建筑面积超过 5000 m² 的地上商店。③总建筑面积超过 500 m² 的地下、半地下商店。④歌舞娱乐放映游艺场所。⑤座位数超过 1500 个的电影院、剧院，座位数超过 3000 个的体育馆、会堂或礼堂。

（2）疏散指示标志的设置要求：①安全出口和疏散门的正上方应采用"安全出口"作为指示标志。②沿疏散走道设置的灯光疏散指示标志，应设置在疏散走道及其转角处距地面高度 1 m

以下的墙面上，且灯光疏散指示标志间距不应大于 20 m；对于袋形走道，不应大于 10 m；在走道转角区，不应大于 1 m。与此同时，疏散指示标志应符合现行国家标准《消防安全标志》（GB 13495.1—2015）和《消防应急照明和疏散指示系统》（GB 17945—2010）的有关规定。

3.应急照明与疏散指示标志的共同要求

（1）建筑内设置的消防疏散指示标志和消防应急照明灯具，应符合《建筑设计防火规范》（GB 50016—2014）、现行国家标准《消防安全标志》（GB 13495.1—2015）和《消防应急照明和疏散指示系统》（GB 17945—2010）的有关规定。

（2）应急照明灯和灯光疏散指示标志，应设玻璃或其他不燃烧材料制作的保护罩。

（3）应急照明和疏散指示标志备用电源的连续供电时间，对于高度超过 100 m 的民用建筑不应少于 1.5 h，对于医疗建筑、老年人建筑、总建筑面积大于 100000 m² 的公共建筑不应少于 1 h，对于其他建筑不应少于 0.5 h。

（二）避难袋

避难袋的构造有 3 层：最外层由玻璃纤维制成，可耐 800℃的高温；第二层为弹性制动层，束缚下滑的人体和控制下滑的速度；内层张力大而柔软，使人体以舒适的速度向下滑降。

避难袋可用在建筑物内部，也可用于建筑物外部。用于建筑内部时，避难袋设于防火竖井内，人员打开防火门进入按层分段设置的袋中，即可滑到下一层或下几层。用于建筑外部时，装设在低层建筑窗口处的固定设施内，失火后将其取出向窗外打开，通过避难袋滑到室外地面。

（三）缓降器

缓降器是高层建筑的下滑自救器具，由于其操作简单、下滑平稳，是目前市场上应用最广泛的辅助安全疏散产品之一。消防队员还可带着一人滑至地面。对于伤员、老人、体弱者或儿童，可由地面人员控制从而安全降至地面。

缓降器由摩擦棒、套筒、自救绳和绳盒等组成，无需其他动力，通过制动机构控制缓降绳索的下降速度，让使用者在保持一定速度平衡的前提下，安全地缓降至地面。有的缓降器用阻燃套袋替代传统的安全带，这种阻燃套袋可以将逃生人员包括头部在内的全身保护起来，以阻挡热辐射，并降低逃生人员下视地面的恐高心理。缓降器根据自救绳的长度分为 3 种规格：绳长为 38 m 的缓降器适用于 6 ~ 10 层；绳长为 53 m 的缓降器适用于 11 ~ 16 层；绳长为 74 m 的缓降器适用于 16 ~ 20 层。

使用缓降器时将自救绳和安全钩牢固地系在楼内的固定物上，把垫子放在绳子和楼房结构中间，以防自救绳磨损。疏散人员穿戴好安全带和防护手套后，携带好自救绳盒或将盒子抛到楼下，将安全带和缓降器的安全钩挂牢。然后一手握套筒，一手拉住由缓降器下引出的自救绳开始下滑。可用放松或拉紧自救绳的方法控制速度，放松为正常下滑速度，拉紧为减速直到停止。第一个人滑到地面后，第二个人方可开始使用。

（四）避难滑梯

避难滑梯是一种螺旋形的滑道，节省占地、简便易用、安全可靠、外观别致，能适应各种高度的建筑物。

避难滑梯是一种非常适合病房楼建筑的辅助疏散设施，当发生火灾时病房楼中的伤病员、孕妇等行动缓慢的病人，可在医护人员的帮助下，由外连通阳台进入避难滑梯，靠重力下滑到室外地面或安全区域从而获得逃生。

（五）室外疏散救援舱

室外疏散救援舱由平时折叠存放在屋顶的一个或多个逃生救援舱和外墙安装的齿轨两部分组成。火灾时专业人员用安装在屋顶的绞车将展开后的逃生救援舱引入建筑外墙安装的滑轨，逃生救援舱可以同时与多个楼层走道的窗口对接，将高层建筑内的被困人员送到地面，在上升时又可将消防队员等应急救援人员送到建筑内。

室外疏散救援舱比缩放式滑道和缓降器复杂，一次性投资较大，需要由受过专门训练的人员使用和控制，而且需要定期维护、保养和检查，作为其动力的屋顶绞车必须有可靠的动力保障。其优点是每往复运行一次可以疏散多人，尤其适合于疏散乘坐轮椅的残疾人和其他行动不便的人员，它在向下运行将被困人员送到地面后，还可以在向上运行时将救援人员输送到上部。

（六）缩放式滑道

采用耐磨、阻燃的尼龙材料和高强度金属圈骨架制作成的缩放式滑道，平时折叠存放在高层建筑的顶楼或其他楼层。火灾时可打开释放到地面，并将末端固定在地面事先确定的锚固点，被困人员依次进入后，滑降到地面。紧急情况下，也可以用云梯车在贴近高层建筑被困人员所处的窗口展开，甚至可以用直升机投放到高层建筑的屋顶，由消防人员展开后疏散屋顶的被困人员。

此类产品的关键指标是合理设置下滑角度，并通过滑道材料与使用者身体之间的摩擦有效控制下滑速度。

第四章　消防监督检查

新时期更应要求各类企业做好相关消防建设，严格按照消防安全标准进行，消防救援机构依法对机关、团体、企业、事业单位等进行有关消防建设内容的监督与检查。基于此，本章对消防监督检查基本工作、典型单位（场所）消防监督检查、其他单位（场所）消防监督检查进行全面详细的论述。

第一节　消防监督检查基本工作

《消防法》第五十三条明确规定，公安消防机构应当对机关、团体、企业、事业单位遵守消防法律、法规的情况依法进行监督检查。因此，消防监督检查是公安消防机构依照法律行使社会消防监督管理的一项职权。

消防监督检查是行政机关的执法行为。由公安消防机构依法对机关、团体、企业、事业单位遵守消防法律、法规情况进行监督检查；对违反消防法律、法规行为责令改正，并依法实施行政处罚。消防监督检查是国家消防监督制度的主要组成部分，是预防火灾和减少火灾危害，保护公民、公共财产和公民财产安全，维护公共安全的有效措施。

一、消防监督检查的特点与作用

（一）消防监督检查的特点

消防监督检查是公安消防机构依法行使的消防监督管理职责，

具有以下特点：

（1）权威性。由于消防监督检查是法律赋予的职责，并且依据国家和地方消防（或与之有关的）法律、法规，因此具有权威性。

（2）强制性。消防法律、法规对公民、法人和其他组织具有普遍约束力。公安消防机构对机关、团体、企业、事业单位的消防监督检查不受时间和场所的限制，不管被监督者是否愿意接受，监督检查具有强制作用。这种监督检查不同于企事业单位内部的防火检查，单位内部的防火检查是企事业单位自身的管理行为，不是执法行为。

（3）客观公正性。消防监督检查是一种抽查性检查，通过监督检查，督促企事业单位履行消防安全职责。公安消防机构在检查中发现和纠正违反消防法律法规行为，提出整改意见，消除火灾隐患，逾期不改的、依法实施处罚。监督检查的目的是纠正，辅之以处罚，具有客观公正性。

（二）消防监督检查的作用

第一，督促企事业单位切实贯彻预防为主，防消结合的消防工作方针，落实消防安全责任制。预防为主，防消结合这一方针是我国人民同火灾作斗争的科学总结，它正确反映了消防工作的客观规律。企事业单位应当认真贯彻落实各项消防法律、法规，制定消防安全管理制度和技术措施，切实落实消防安全责任制和逐级防火责任制。公安消防机构依法进行检查、监督，促进消防工作经常化、制度化。

第二，及时发现和纠正违反消防法律、法规的行为，消除火灾隐患。当前，由于人们的消防法制意识和安全意识不强，忽视消防安全，违法违章行为时有发生，据统计，每年由于违法违章造成的火灾占火灾总数的近一半，给社会造成很大危害。消防监督检查通过正确地行使法律手段，可以纠正违法违章行为，消除火灾隐患，保障消防安全。

二、消防监督检查分工的意义与职责

公安部《消防监督检查规定》明确规定，消防监督检查由各级公安消防机构组织实施。上级公安消防机构对下级公安消防机构的消防监督检查工作负有监督和指导职责；直辖市、市（地区、州、盟）、县（市辖区、县级市、旗）公安消防机构具体实施消防监督检查。

公安派出所可以对居民住宅区的物业服务企业、居民委员会、村民委员会履行消防安全职责的情况以及上级公安机关确定的单位实施日常消防监督检查。

消防监督检查的分工是依据行政区划和各级公安消防机构的职能划分的，并以城市为重点。

（一）消防监督检查分工的意义

第一，有利于落实逐级责任制。实行监督检查的分工，使各级公安消防机构分工明确，责任清楚，能增强消防监督人员的责任感和自觉性，使之能经常地对管辖的单位实施监督检查，熟悉和掌握单位生产工艺及火灾危险性，并督促单位落实各项消防安全措施和防火责任制，有效地保障消防安全。

第二，有利于突出对重点单位的管理。实行分级监督以后，将消防安全重点单位的监督检查交给所在市、区、县公安消防机构，有利于促进消防监督检的制度化、经常化。同时，各级公安消防机构可根据辖区情况，进行调查研究，突出重点，配备力量，做到抓住重点、兼顾一般、确保安全。

第三，有利于加强宏观监督指导。由于实行分级监督检查，消防安全重点单位的日常性监督管理由当地公安消防机构负责，上级公安消防机构对下级公安消防机构能够经常进行监督检查指导，及时发现问题，纠正偏差，总结经验教训，有利于提高消防监督工作的整体水平。

（二）消防监督检查分工的职责

按照我国的行政区划和各级公安消防机构的职能，各级消防监督检查的职责如下：

（1）省、自治区、直辖市公安消防机构主要负责：制定有关监督检查的法规政策，并组织实施；监督、检查、指导下级公安消防机构的消防监督检查工作。

（2）城市（包括直辖市、副省级市、地级市）公安消防机构具体实施消防监督检查，直辖市公安消防机构除担负上述职责外，还担负着组织实施全市消防监督检查和市级消防安全重点单位的定期检查。副省级、地级市公安消防机构担负着全市消防监督检查的组织实施、市级消防安全重点单位的定期检查和对所属区、县公安消防机构的监督、检查、指导。

（3）地区（州、盟）公安消防机构主要担负对下级公安消防机构进行监督、检查、指导职责，也可以根据需要具体对重点单位实施监督检查。

（4）城市的区、县级市、县（旗）公安消防机构是具体担负消防监督检查的基层单位，负责区、县、旗消防安全重点单位的定期检查和非重点单位的抽查，并指导辖区公安派出所的消防监督检查工作。

（5）公安派出所负责对物业服务企业、居民委员会、村民委员会履行消防安全职责的情况以及上级公安机关确定的单位实施日常消防监督检查。

三、消防监督检查的形式、频次与范围

（一）消防监督检查的形式

（1）对单位（场所）履行法定消防安全职责情况的监督检查。主要对单位（场所）的消防合法性、消防安全管理、建筑防火、消防设施等情况进行监督检查。

（2）对举报投诉的消防安全违法行为的核查。接到举报投诉占用、堵塞、封闭疏散通道、安全出口或者其他妨碍安全消防。疏散行为，以及擅自停用消防设施的，应当在接到举报投诉后 24 小时内进行核查；对其他消防安全违法行为的举报、投诉，应当在接到举报投诉之日起三个工作日内进行核查。对不属于公安派出所管辖的，应当依照《公安机关办理行政案件程序规定》（公安部令第 88 号）在受理后及时移送公安机关消防机构处理。

（3）对村民委员会、居民委员会履行消防安全职责情况的监督检查。村（居）民委员会是村民、居民自我管理、自我教育、自我服务的基层群众性组织，与群众的日常生活最为接近，是我国消防工作的最基层组织。加强对村（居）民委员会履行消防安全职责情况的检查，有助于积极发挥基层群众性自治组织的作用，通过宣传、教育、动员、组织广大村民、居民开展群众性消防安全工作，是提高群众自防自救能力、增强全民消防安全素质的有效途径。

（4）根据需要进行的其他消防监督检查。这类检查比较常见的是各种专项消防安全检查，是政府、公安机关、消防机构根据火灾防控需要进行的一种检查，具有较强的突击性和针对性，检查对象、范围、目标相对明确，时间、步骤、方法、标准相对统一，通常应用于对某一行业、某一方面的消防安全专项治理或者突击开展的集中检查行动。

（二）消防监督检查的频次

公安派出所日常消防监督检查应当根据列管范围的消防工作特点，制订监督抽查工作计划，有针对性地开展消防安全检查。日常消防监督检查，可以结合其他警务工作同步实施。

公安派出所对其日常监督检查范围的单位，应当每年至少进行·次日常消防监督检查，并应建立消防监督检查范围的单位台账，记载日常消防监督检查工作的情况。

（三）消防监督检查的范围

以下使用的"单位"一词涵盖"场所"和"个体工商户"的含义。

（1）商场（市场）、宾馆（饭店）、体育场（馆）、会堂、公共娱乐场所等公众聚集场所：

1）建筑面积在 1000 m²（含本数，下同）以上且经营可燃商品的商场（商店、市场）。

2）客房 50 间以上的宾馆（饭店、旅馆）。

3）公共的体育场（馆）、会堂。

4）建筑面积 200 m² 以上的公共娱乐场所。

（2）医院、养老院和寄宿制的学校、托儿所、幼儿园：

1）住院床位在 50 张以上的医院。

2）老人住宿床位在 50 张以上的养老院。

3）学生住宿床位在100张以上的学校。

4）幼儿住宿床位在50张以上的托儿所、幼儿园。

（3）国家机关：

1）区（县）级以上的党委、人大、政府、政协。

2）人民检察院、人民法院。

3）中央和国务院各部委。

4）共青团中央、全国总工会、全国妇联的办事机关。

（4）广播、电视和邮政、通信枢纽：

1）广播电台、电视台。

2）邮政和通信枢纽单位。

（5）交通枢纽、客运车站：

候车厅、候船厅的建筑面积在500 m²以上的客运车站、交通枢纽和客运码头。

（6）公共图书馆、展览馆、博物馆、档案馆以及具有火灾危险性的文物保护单位：

1）建筑面积2000 m²以上的公共图书馆、展览馆。

2）公共博物馆、档案馆。

3）具有火灾危险性的区（县）级以上文物保护单位。

（7）发电厂（站）和电网经营企业：

装机容量10万kW以上的发电厂、电压50 kV以上的地区变电站、县级以上的电力调度楼。

（8）易燃易爆化学物品的生产、充装、存储、供应、销售单位：

1）生产易燃易爆化学物品的工厂。

2）易燃易爆气体与液体的灌装站、调压站。

3）储存易燃易爆化学物品的专用仓库（堆场、储罐场所）。

4）营业性汽车加油站、加气站，液化石油气供应站（换瓶站）。

5）经营易燃易爆化学物品（甲、乙类）且店内甲类物品存放总量达 200 kg 以上或甲、乙类物品存放总量达 500 kg 以上的化工商店。

（9）劳动密集型生产、加工企业：

生产车间员工人数 100 人以上的服装、鞋帽、玩具等劳动密集型企业。

（10）重要的科研单位：

1）国家和市级科研单位。

2）负责国家重点科研项目的科研单位。

3）科研中具有火灾爆炸危险性的科研单位。

（11）高层公共建筑、地下铁道、地下观光隧道，粮、棉、木材、百货等物资仓库和堆场，重点工程的施工现场：

1）高层公共建筑的办公楼（写字楼）、公寓楼等。

2）城市地下铁道、地下观光隧道等地下公共建筑和城市重要的交通隧道。

3）国家储备粮库、总数量 10000 t 以上的其他粮库。

4）总储量 500 t 以上的棉库。

5）总储量在 10000 m³ 以上的木材堆场。

6）总储存价值 1000 万元以上的可燃物品仓库、堆场。

7）国家和市级等重点工程的施工现场。

（12）其他发生火灾可能性较大以及一旦发生火灾可能造成人身重大伤亡或财产重大损失的单位：

1）营业总面积在 1000 m² 以上的证券交易所。

2）营业点建筑面积在 1000 m² 以上的劳务、人才市场。

3）建筑面积在 1000 m² 以上的教堂、清真寺、寺庙、道观等相关场所（非县级以上文物保护单位）。

4）市级以上的旅游景区。

5）建筑面积在 2000 m² 以上的民俗旅游度假村。

6）其他。

（13）铁路、交通、民航、林业系统各单位：

铁路、交通、民航、林业系统各单位，由各系统主管部门根据有关规定制定界定标准。

（14）个体工商户生产经营场所：

1）咖啡屋、酒吧、茶馆及餐饮场所建筑面积 50 m² 以上。

2）发廊建筑面积 50 m² 以上。

3）诊所建筑面积 50 m² 以上。

4）家电维修场所建筑面积 50 m² 以上。

5）旅店建筑面积 100 m² 以上。

6）商店建筑面积 50 m² 以上。

7）从事生产、加工劳动密集型场所建筑面积 50 m² 以上。

8）娱乐场所，从事化学危险物品生产、储存、运输、销售场所。

9）汽车修理部建筑面积 100 m² 以上或占地面积 200 m² 以上。

10）其他需要纳入消防监督检查范围的个体工商户。

四、消防监督检查的内容与方法

（一）消防监督检查的内容

1.单位（场所）

（1）建筑物或者场所是否依法通过消防验收或者进行竣工验收消防备案，公众聚集场所是否依法通过投入使用、营业前是否进行消防安全检查。

（2）是否制定消防安全制度。

（3）是否组织防火检查、消防安全宣传教育培训、灭火和应急疏散演练。

（4）消防车通道、疏散通道、安全出口是否畅通，室内消火栓、疏散指示标志、应急照明、灭火器是否完好有效。

（5）生产、储存、经营易燃易爆危险品的场所是否与居住场所设置在同一建筑物内。

（6）设有消防设施的单位，是否对建筑消防设施定期组织维护保养。

（7）居民住宅区的物业服务企业对管理区域内共用消防设施是否进行维护管理。

2.村（居）民委员会

（1）是否确定消防安全管理人。

（2）是否制定消防安全工作制度、村（居）民防火安全公约。

（3）是否开展消防宣传教育、防火安全检查。

（4）是否对社区、村庄消防水源（消火栓）、消防车通道、消防器材进行维护管理。

（5）是否建立志愿消防队等多种形式消防组织。

3.社区和村

（1）居（村）民委员会是否设置消防工作室，是否明确消防安全管理人，是否组建多种形式消防队伍，是否组织开展消防安全管理工作，是否完善消防安全管理制度，是否建立消防安全档案。

（2）社区和村是否制定了防火公约。

（3）社区和村消防基础设施建设情况、消防设施器材的配备及维护保养情况。

（4）社区和村消防标识的设置情况。

（5）社区和村消防车通道、消防安全布局、防火间距、建筑耐火等级情况。

（6）消防水源是否被埋压圈占、是否设有明显标志，消防水泵结合器是否能正常使用。

（7）社区和村是否设置固定消防宣传栏。

（8）社区和村的用火、用电、用气情况。

（9）社区和村电气设备的安装及线路、管路敷设情况。

（10）社区和村可燃物清理情况。

（11）居（村）民对火场疏散逃生、灭火器材的使用等相关消防知识的掌握情况。

（12）其他需要检查的内容。

（二）消防监督检查的方法

1.单位（场所）

（1）建筑物（场所）消防合法性检查。查阅被检查单位提供的相关法律文书，查询公安机关消防机构有关消防行政许可档案，或者登录当地互联网"消防办事大厅"系统，检查是否依法取得合格的《建设工程消防验收意见书》或者进行消防竣工验收备案；公众聚集场所是否依法通过投入使用、营业前消防安全检查，取得《公众聚集场所投入使用、营业前消防安全检查合格证》。

对 1998 年 9 月 1 日前依法投入使用的建筑物（此后无装修、用途等改变），不能提供消防验收合格证明文件的，可以要求其提供证明建筑物投入使用时间和当时使用性质的证明文件，视为建筑消防合法。此情形应在《公安派出所日常消防监督检查记录》"备注"栏内注明。

（2）消防安全管理情况检查。查阅被检查单位提供的相关制度文本及落实情况记录，抽查员工掌握消防安全知识情况。

1）检查消防安全制度制定落实情况。检查是否确定消防安全管理人员，是否建立和落实逐级消防安全责任制和岗位消防安全责任制。根据场所大小检查是否制定消防安全教育培训、防火检查巡查、安全疏散设施管理、消防（控制室）值班、消防设施器材维护管理、火灾隐患整改、用火用电安全管理、易燃易爆危险品和场所防火防爆、专职和义务消防队的组织管理、灭火和应急疏散预案演练、燃气和电气设备的检查和管理、消防安全工作考评和奖惩等消防安全管理制度。

2）检查员工消防安全教育培训情况。检查是否组织新上岗和进入新岗位的员工进行上岗前的消防安全培训；公众聚集场所是否至少每半年对员工进行一次消防安全培训。检查消防控制设备操作人员是否经过消防专门培训，持证上岗。抽查员工对消防安全知识的掌握情况，检查其是否懂本单位（场所）火灾危险性、是否会报火警、是否会扑救初起火灾、是否会火场逃生自救。

3）检查开展防火检查情况。检查机关、团体、事业单位是否至少每季度进行一次防火检查，其他单位是否至少每月进行一次防火检查。公众聚集场所是否组织防火巡查，营业期间的防火巡查是否至少每2小时一次；营业结束时是否对营业现场进行检查，消除遗留火种。

4）检查灭火和应急疏散预案制定演练情况。检查是否结合本单位实际制定灭火和应急疏散预案，是否至少每年组织一次演练。抽查员工是否掌握灭火和引导人员疏散逃生的技能。

5）检查"合用场所"设置情况。对照建筑物有关档案资料，实地查看是否有改变建筑用途，是否违反规定将生产、储存、经营易燃易爆危险品的场所与居住场所设置在同一建筑物内。

（3）建筑防火检查：

1）检查消防车通道。实地查看建筑周边是否设置消防车通道；消防车通道上是否停放车辆、摆放物品，占用、堵塞消防车通道；消防车通道上部4 m范围内是否设置影响通行或操作的障碍物。

2）检查疏散通道、安全出口。检查座椅、柜台设置和物品摆放是否影响安全出口和疏散通道的使用；检查场所使用、营业期间安全出口是否锁闭、堵塞；查看安全出口标志是否醒目、有无遮挡。

3）检查防火门。检查常闭式防火门是否张贴"常闭"提示性标语，是否处于关闭状态，是否能关闭密实；查看防火门外观及闭门器、顺序器、密封条、门扇等零部件是否完整好用，防火门是否向疏散方向开启。

4）检查疏散指示标志。检查灯光疏散指示标志是否设置在疏散通道1 m以下墙面或地面，是否醒目，有无遮挡，是否完好有效；检查疏散通道转角区和疏散门正上方是否设置灯光疏散指示标志，安全出口处是否设置安全出口标志；按下测试按钮或切断正常供电电源，检查灯光疏散指示标志是否启动，是否指向疏散方向。

5）检查应急照明。检查消防控制室（值班室）、设备机房、疏散通道、人员聚集场所等部位是否设置应急照明灯具，是否完好有效；按下测试按钮或切断正常供电电源，检查应急照明灯具是否启动、目测亮度是否足够。

（4）消防设施检查：

1）检查室内消火栓。检查是否设置室内消火栓，水枪、水带是否齐全、完好；检查消火栓是否有明显标识，是否被圈占或遮挡；测试消火栓是否有水，压力是否充足。

2）检查灭火器。检查是否配置灭火器，灭火器选型是否正确，是否摆放在明显、便于取用的位置；检查灭火器是否超过使用期限，压力指针是否位于绿区。

3）检查建筑消防设施。查阅被检查单位提供的建筑消防设施检测、维护报告或记录，检查是否定期组织维护保养。维护保养可以由单位自行进行，也可以委托具有资质的消防技术服务机构进行。

4）检查共用消防设施维护管理。查阅物业服务企业对管理区域内共用消防设施的维护管理记录，对检查发现的问题是否采取整改措施；现场抽查、测试共用消防设施是否完好有效。

2.村（居）民委员会

（1）检查消防安全管理人确定情况。查阅相关文件资料，检查是否建立消防安全管理组织，是否确定消防安全管理人。

（2）检查消防安全工作制度制定落实情况。查阅相关文件资料，检查是否制定消防宣传教育、防火安全检查、消防器材配置及维护管理、火灾隐患整改、灭火和应急疏散预案、消防安全多户联防、多种形式消防队伍建设管理等消防安全工作制度。

（3）检查防火安全公约制定情况。检查是否制定《村民防火安全公约》《居民防火安全公约》，是否在农村、社区的人员聚集场所张贴悬挂，并发放到户。检查《村民防火安全公约》《居民防火安全公约》是否包括遵守消防法律法规、掌握防火灭火基本知识、管好生活用火、安全使用电器、教育儿童不要玩火等内容。

（4）检查消防宣传教育情况。检查农村、社区是否设置消防宣传栏，是否定期组织消防宣传活动。抽查村民、居民对消防安全知识的掌握情况，检查其是否了解消防常识、是否会扑救初起火灾、是否会逃生自救。

（5）检查开展防火安全检查情况。查阅有关档案资料，检查村（居）民委员会是否定期组织开展防火检查。

（6）检查对消防水源、消防车通道、消防器材维护管理情况。查阅有关记录，查看、测试消防水源、消防车通道、消防器材运行情况，检查村（居）民委员会是否落实消防设施器材维护管理职责。

（7）检查多种形式消防队伍建立情况。查阅有关文件资料，抽查相关人员，检查是否建立志愿消防队、保安消防队、巡防队等多种形式消防组织并开展训练、演练。抽查志愿消防队、保安消防队、巡防队队员对岗位职责和消防常识的掌握情况。

五、消防监督检查的程序与要求

（一）消防监督检查的程序

公安派出所民警按照规定程序进行消防监督检查时，应当双人执法，着制式警服，并出示执法身份证件（人民警察证）。

1.单位（场所）

单位（场所）消防监督检查的工作流程，如图4-1所示。

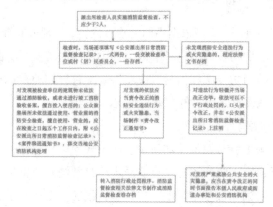

图4-1 单位（场所）消防监督检查工作流程

2.村（居）民委员会

村（居）民委员会消防监督检查的工作流程，如图4-2所示。

图4-2 村（居）民委员会消防监督检查工作流程

（二）消防监督检查的要求

1.单位（场所）

（1）检查准备

1）了解单位基本情况。查阅被检查单位基础台账或档案资料，了解单位的地址、单位主管人员或经营人员、单位性质、建筑概况及历次消防监督检查等情况。

2）准备检查文书和器材。准备《公安派出所日常消防监督检查记录》《责令改正通知书》，以及照相机、摄像机等必要的消防监督检查器材。

（2）现场检查

实施检查时，应当根据不同的检查内容，分别采取查阅、查看、功能测试、询问等方法，了解被检查单位的消防安全状况。检查中对涉及的消防设施和器材，应当检查配备种类和数量是否符合要求、设施器材是否完好有效等情况。

（3）填写检查记录

公安派出所对单位（场所）、居民住宅区物业服务企业进行消防监督检查，应当填写《公安派出所日常消防监督检查记录》，记录表中所列单位基本情况、单位履行消防安全职责情况、责令改正情况、移送公安机关消防机构处理等内容应如实填写。

（4）检查后的处理

1）未发现消防违法行为或火灾隐患。检查中未发现单位（场所）、居民住宅区物业服务企业存在消防违法行为或火灾隐患的，填写《公安派出所日常消防监督检查记录》，一式两份，一份交被检查单位，一份存档。

2）属于轻微违法行为。检查中发现消防违法行为轻微并当场整改完毕，依法可以不予行政处罚的，应当口头责令改正，并在《公安派出所日常消防监督检查记录》"备注"栏内注明，一式两份，一份交被检查单位，一份存档。

3）应当依法责令改正的。检查中发现单位（场所）存在下列情形的，应当在《公安派出所日常消防监督检查记录》中注明，填写《责令改正通知书》，交被检查单位：①未制定消防安全制度、未组织防火检查和消防安全教育培训、消防演练的。②占用、堵塞、封闭疏散通道、安全出口的。③占用、堵塞、封闭消防车通道，妨碍消防车通行的。④埋压、圈占、遮挡消火栓或者占用防火间距的。⑤室内消火栓、灭火器、疏散指示标志和应急照明未保持完好有效的。⑥人员密集场所在外墙门窗上设置影响逃生和灭火救援的障碍物的。⑦违反消防安全规定进入生产、储存易燃易爆危险品场所的。⑧违反规定使用明火作业或在具有火灾、爆炸危险的场所吸烟、使用明火的。⑨生产、储存和经营易燃易爆危险品的场所与居住场所设置在同一建筑物内的。⑩未对建筑消防设施定期组织维护保养的。以上第①、⑩项行为，以及发现居民住宅区物业服务企业未对管理区域内共用消防设施进行维护管理的，应当责令限期改正。对依法责令限期改正的，应当根据改正违法行为的难易程度合理确定改正期限，并在《公安派出所日常消防监督检查记录》"责令改正情况"栏中注明，责令改正期限届满或者收到当事人复查申请之日起三个工作日内进行复查。对逾期不改正的，依法予以处理。

4）应当依法移交的。公安派出所在日常消防监督检查中，发现被检查单位存在下列情形的，应当在检查之日起五个工作日内填写《案件移送通知书》，书面移交公安机关消防机构处理：①建筑物未依法通过消防验收，或者未进行竣工验收消防备案，擅自投入使用的。②公众聚集场所未依法通过使用、营业前的消防安全检查，擅自投入使用、营业的。③其他需要移交的消防违法行为或火灾隐患。

5）严重威胁公共安全的。公安派出所在消防监督检查中，发现存在下列火灾隐患，严重威胁公共安全的，应当责令改正，并在《公安派出所日常消防监督检查记录》"责令改正情况"栏中注明，同时书面报告乡镇政府或者街道办事处和公安机关消防机构：①违法设置烟花爆竹、瓶装液化气等易燃易爆危险品销售、储存点的。②废品收购站、柴草堆场等大型可燃物品堆放场所与周边建筑防火间距不足的。③生产、经营、储存、住宿在同一个空间或建筑的三合场所。④其他一旦发生火灾可能造成重大人员伤亡和财产损失的。

2.村（居）民委员会

（1）检查准备

1）了解村（居）民委员会基本情况。查阅村（居）民委员会基础台账或档案资料，了解其地址、主要负责人、辖区消防安全状况及历次消防监督检查等情况。

2）准备检查文书和器材。准备《公安派出所日常消防监督检查记录》，以及照相机、摄像机等必要的消防监督检查器材。

（2）现场检查

实施检查时，应当根据不同的检查内容，分别采取查阅、查看、功能测试、询问走访等方法，了解被检查村（居）民委员会的消防工作开展情况。

（3）填写检查记录

公安派出所对村（居）民委员会进行日常消防监督检查，应当填写《公安派出所日常消防监督检查记录》，记录表中所列单位名称、主要负责人、地址、检查日期、村（居）民委员会履行消防安全职责情况等内容必须如实填写。

（4）检查后的处理

针对检查中发现的问题，公安派出所应当现场予以指出，帮助、指导村（居）民委员会改正；对拒不改正的，应当在《公安派出所日常消防监督检查记录》"备注"栏内注明，并书面报告乡镇政府或者街道办事处和公安机关消防机构。

第二节　典型单位（场所）消防监督检查

一、居民住宅区

（一）居民住宅区的火灾危险性

发生在居民住宅区的"小火亡人"火灾事故是城市亡人火灾事故的主要类型，其火灾危险性主要体现在以下几个方面：

（1）建造年代久远，缺少消防设施。"小火亡人"火灾事故多发的居民住宅小区建造年代往往在20世纪80年代，且多为多层居民住宅，公共部位均未设置室内消火栓等消防设施。

（2）室内装修可燃物多，火灾荷载大。市民群众进行房屋内装修时往往使用大量可燃、易燃材料，同时部分居民住宅装修时间较早，电视、冰箱等电器设备、电气线路老化，卧室、阳台等部位堆放大量可燃物，火灾诱发因素多、火灾荷载大。

（3）物业管事率低，管理能力有待加强。部分居民住宅小区物业服务企业在日常工作中，往往忽视消防安全管理，一些小区的物业费收取标准低，同时限制于物业管理费收取难、使用难，物业管理人员少、业务能力差等问题，物业服务企业消防管理亟待加强。

（4）安装防盗等技防设施，影响疏散及灭火救援。因为治安等方面因素，居民住宅小区大量安装技防设施，包括设置路障，安装防盗窗、铁栅栏等设施。火灾发生时，这些技防设施既影响市民群众疏散逃生，也影响消防力量第一时间展开灭火救援。

（5）电动车火灾多，管理困难。近年来，电动车（指电动自行车、电动摩托车、电动三轮车）以其经济、便捷等特点，逐步成为群众出行代步的重要交通工具，但由于安全技术标准不健全、市场监管不到位、存放充电方面问题突出等原因，电动车火灾事故频发，给人民群众生命财产安全造成重大损失。

（二）居民住宅区的检查要点

（1）物业服务企业主要负责人是住宅物业管理公共区域的消防安全责任人，物业服务企业派驻住宅小区的负责人应当全面做好住宅物业管理公共区域内的消防安全工作。

（2）严禁擅自改变建筑物使用性质且不符合消防安全要求。如地下室设置人员住宿场所。

（3）禁止在疏散通道、安全出口、楼梯间停放电动自行车。居民住宅区宜设置电动车集中停放、充电场所，设置符合用电安全要求的充电设施，采取防火分隔措施。

（4）物业服务企业应当在管理区域内设置标识、标志：①消火栓、灭火器、防火门、防火卷帘等消防设施、器材；消防车道、消防车作业场地、疏散通道等附近设置禁止占用、遮挡的明显标识。②住宅区的出入口、电梯口、防火门等醒目位置应设置提示火灾危险性、安全逃生路线、安全出口、消防设施器材使用方法的明显标志和警示标语。

（5）物业服务企业应对管理区域内（包括商业配套用房）共用消防设施进行维护管理，确保完好有效。

二、居（村）民委员会

（一）居（村）民委员会的检查依据

《消防法》第三十二条规定：乡镇人民政府、城市街道办事处应当指导、支持和帮助村民委员会、居民委员会开展群众性的消防工作。村民委员会、居民委员会应当确定消防安全管理人，组织制定防火安全公约，进行防火安全检查。

《上海市消防条例》第十一条、第十三条规定：乡、镇人民政府和街道办事处应当组织、指导、督促本区域内的单位和个人做好消防工作，指导、支持、帮助居（村）民委员会开展群众性消防工作，组织做好火灾事故善后处理工作。居（村）民委员会应当确定消防安全管理人，组织居（村）民制定防火安全公约，宣传家庭防火和应急逃生知识，进行防火安全检查。

《上海市公安派出所消防监督工作规定》第三条、第六条规定：公安派出所应对辖区内除市、区（县）级消防安全重点单位以外的其他单位、场所（包括个体工商户、农村承包经营户等）和居民住宅区物业服务企业、居（村）民委员会等遵守消防法律法规、履行消防安全职责的情况进行监督检查，开展消防宣传教育培训。公安派出所在消防监督工作中应指导、督促社区、居（村）民委员会夯实组织建设、设施建设、群防群治工作和队伍建设"四个基础"。

（二）居（村）民委员会的检查要点

（1）应确定消防安全管理人，一般由居（村）民委员会负责人担任。

（2）应制定消防安全工作制度、居（村）民防火安全公约。①消防安全工作制度包括消防安全管理人工作职责、消防宣传培训工作制度、防火检查制度、志愿消防队工作制度、微型消防站工作制度等；②居（村）民防火安全公约包括遵守消防法律法规、掌握防火灭火基本知识、管好生活用火用电等。公约应在农村、社区人员聚集场所张贴悬挂，并发放到户。

（3）应结合辖区火灾形势和季节特点有针对性地开展消防宣传培训，其主要内容包括消防法律法规、基础消防知识、灭火逃生常识等。

（4）对社区、村庄消防水源（消火栓、消防取水码头）、消防车通道、消防器材进行维护管理并保持完好有效。

（5）建立志愿者消防队、消防工作站、微型消防站等多种形式的消防组织。

（6）居（村）民委员会应对孤寡老人、精神病患者等重点人员进行消防安全看护和管理。

三、加油（气）站

（一）加油（气）站的火灾危险性

（1）经营储存的物料危险性大。加油（气）站储存、加注的物料中，汽油、液化石油气和天然气都属于甲类，绝大多数柴油属于丙类易燃液体，具有易扩散，闪点低（汽油闪点为 –50 ~ –20℃，轻柴油闪点为 55℃左右），气体或蒸气与空气混合后易爆炸（液化石油气爆炸极限范围 1.5% ~ 9.5%，最小点火能量 0.25 mJ；天然气爆炸极限为 5% ~ 15%，最小点火能量在 0.3 ~ 0.4 mJ）的特性，一旦遇到火源，极易发生火灾爆炸事故。

（2）致灾因素多。加气站使用大量钢瓶、储气罐等压力容器，工艺管线高压运行，尤其是压缩天然气储气设施的工作压力达到 25 MPa，是可燃气体储存容器中工作压力最高的，系统一旦超压，容易引发爆裂而造成泄漏；加油站在卸油、量油、加油和清罐作业时，油品暴露在空气中，形成油品蒸气；站内工作人员在日常操作过程中，违章违规操作人为造成物料的泄漏；加之汽车加油（气）站环境复杂，邻近建筑飞火、频繁出入的车辆和人为带入的烟火，以及服装摩擦产生的静电、金属撞击产生的火花、雷击产生电流等，都有可能成为点火源，进而引发火灾。

（3）火灾扑救困难，社会影响大。油品、液化石油气、天然气燃烧和传播速度快，火焰温度高，热辐射大，尤其是加油加气合建站，一种介质发生火灾爆炸事故后对另一种介质的储罐（瓶）会产生威胁，甚至发生二次爆炸，对扑救带来巨大困难。汽车加油（气）站大量储存燃气和油品，一旦发生火灾爆炸，不仅会造成重大经济损失，还会对附近单位和居民的生命财产安全造成巨大威胁，严重影响社会正常生产生活秩序。

（二）加油（气）站的检查要点

（1）加油（气）站应制定消防安全操作规程，内容应包括卸油、加油、卸气、加气等相关作业的详尽要求。加油（气）站内相关作业人员应能熟练掌握相应的消防安全操作规程。

（2）消防设施、器材应按照相关要求配置：①加气机。每2台加气机应配置不少于2个4kg手提式干粉灭火器，加气机不足2台应按2台配置；应设置可燃气体检测报警系统。②加油机。每2台加油机应配置不少于2个4kg手提式干粉灭火器或1个4kg手提式干粉灭火器和1个6L泡沫灭火器。加油机不足2台应按2台配置。③一、二级加油站。配置灭火毯5块、沙子2m³。④三级加油站。配置灭火毯不少于2块、沙子2m³。⑤加油、加气合建站。按同级别的加油站配置灭火毯和沙子。

（3）加油（气）站区域内严禁烟火，站内醒目位置应设置带有"严禁烟火""熄火加油"字样的标志，在加油（气）岛附近应设置带有"禁止拨打移动电话"字样的标志。油罐、LPG（液化石油气）、LNG（液化天然气）、CNG（压缩天然气）储罐区域应设置带有"禁止入内""禁穿钉子鞋"和"着防静电服"字样的标志。

（4）站内严禁吸烟和使用明火做饭、取暖，严禁向汽车汽化器及塑料桶内加注汽油、柴油。

四、宾（旅）馆

（一）宾（旅）馆的火灾危险性

（1）人员密集，疏散难度大。宾（旅）馆容纳人员多，流动性大。人员多数对建筑环境和疏散通道不熟悉，在火灾情况下容易惊慌失措、相互推挤，短时间内易造成疏散通道和安全出口拥堵，加之在停电无正常照明和火灾烟气影响的情况下，秩序混乱，容易发生踩踏事故而导致群死群伤。

（2）可燃物多，火灾荷载大。宾（旅）馆使用大量可燃、易燃装饰装修材料及生活用品。这些可燃物，一旦在火灾中被引燃，容易快速形成猛烈燃烧，一些在装饰装修使用的高分子材料、化纤聚合物在燃烧时还释放出大量有毒有害气体，给人员疏散和火灾扑救带来极大困难。

（3）致灾因素多，管理难度大。宾（旅）馆用电频繁，着火源多。客房内照明、装饰灯具以及小家电使用不当，容易造成局部过载、接阻电阻过大、线路短路等而引起火灾。由于人员多、流动性大，因为吸烟乱扔烟头等引起火灾的情况也时有发生。

（二）宾（旅）馆的检查要点

（1）场所内疏散走道两侧隔墙应从楼地面基层隔断至梁、楼板或屋面板的底面基层。检查时可通过吊顶检修口查看分隔情况。

（2）场所内平时需要控制人员随意出入的疏散门，应保证火灾时不需使用钥匙等任何工具即能从内部轻易打开，并在显著位置设置具有使用提示的标识。

（3）客房的消防安全应满足：客房内（包括各楼层明显位置）应设置安全疏散指示图，指示图上应标明疏散路线、安全出口、人员所在位置和必要的文字说明；设在高层建筑内的宾（旅）馆客房内应配备应急手电筒、防毒面具等逃生器材及使用说明。

（4）设有厨房的宾（旅）馆应参照餐饮服务场所的相关要求进行检查。

五、歌厅、舞厅、游戏（艺）机厅

（一）歌厅、舞厅、游戏（艺）机厅的火灾危险性

（1）装饰装修可燃材料多。歌厅、舞厅、游戏（艺）机厅等场所的观众厅吊顶和墙面为满足音响效果，大多采用可燃材料装修，特别是大量采用木材、塑料、纤维织品等易燃或可燃材料进行装饰装修，舞台幕布、道具、布景和地板等大多为可燃物。火灾荷载大，易发生火灾。

（2）用火、用电设备多。歌厅、舞厅、游戏（艺）机厅照明和电器设备多、功率大，如果使用不当，很容易造成电气线路过载、短路；场所内用电设备多，电气线路复杂；歌厅、舞厅、游戏（艺）机厅等场所吸烟现象较为普遍，有的为营造气氛，在营业时使用蜡烛照明，甚至燃放烟花，极易引发火灾。

（3）人员疏散难度大。歌厅、舞厅、游戏（艺）机厅的人员密度大、流动性强，顾客对场所环境不熟悉，一旦发生火灾，人员惊慌失措、争先逃生，易造成拥堵导致人员伤亡；一些场所外窗设置广告牌、铁栅栏等障碍物，影响逃生和救援。

（二）歌厅、舞厅、游戏（艺）机厅的检查要点

（1）场所内疏散走道两侧隔墙应从楼地面基层隔断至梁、楼板或屋面板的底面基层。检查时可通过吊顶检修口查看分隔情况。

（2）场所内吊顶应采用不燃材料装修，墙面、地面应采用不燃或难燃材料装修，场所内所有部位不应采用软包材料装修。

（3）各楼层的明显位置及包厢内应设置安全疏散指示图，指示图上应标明疏散路线、安全出口、人员所在位置和必要的文字说明。

（4）大厅及包厢内应设置声音或视像警报，保证在火灾发生初期，将其画面、音响切换到应急广播和应急疏散指示状态，播送火灾警报，引导人员安全疏散。

（5）严禁违反规定使用明火作业，如在营业时间进行动火施工等。

（6）严禁违反消防技术标准和管理规定，储存、经营、使用易燃易爆危险品（如烟花、冷焰火、空气清新剂等，以及其他具有易燃可燃标识的物品）。

六、餐饮服务场所

（一）餐饮服务场所的火灾危险性

（1）装饰装修可燃材料多。餐饮服务场所内大多采用可燃材料进行装饰装修，且附设有厨房、操作间，使用明火或电进行食品、菜品加工。燃料通常有天然气、液化石油气、煤气、煤油、柴油、煤炭等，容易引发火灾，还可能因燃气泄漏发生爆炸事故。

（2）建筑消防安全条件差。一些餐饮服务场所建筑简易，耐火等级低，疏散通道狭窄，安全出口数量不足；有的在装修改造过程中随意分隔，擅自改变房间使用功能；有的没有配备必要

的消防设施、灭火器材，场所抗御火灾能力较差。

（3）人员疏散难度大。顾客对场所的疏散通道和安全出口不熟悉。有的餐饮服务场所为了增加营业面积，随意摆放就餐桌椅，占用疏散通道，堵塞安全出口，一旦发生火灾，人员疏散困难。

（二）餐饮服务场所的检查要点

（1）厨房区域应采用耐火极限不低于 2 h 的防火隔墙与其他部位分隔，墙上的门、窗应采用乙级防火门、窗。

（2）各楼层的明显位置及包厢内应设置安全疏散指示图，指示图上应标明疏散路线、安全出口、人员所在位置和必要的文字说明。

（3）高层建筑、地下空间内严禁使用液化石油气瓶供气。单、多层建筑内采用液化石油气瓶组（指 2 个及以上）供气时，应设置独立的瓶组间，严禁与燃气灶具设置在同一房间内。

（4）面积大于 1000 m² 的餐馆或食堂，其烹饪操作间（厨房）的排油烟罩及烹饪部位应设置自动灭火装置，并应在燃气或燃油管道上设置与自动灭火装置联动的自动切断装置。

（5）厨房的烟道应至少每季度清洗一次，燃油、燃气管道应经常检查、检测和保养。

（6）严禁储存易燃易爆化学物品，当需要使用时（如固体乙醇等），应根据需要限量使用，储存量不应超过一天的使用量，且应由专人管理、登记。

七、洗浴、休闲场所

（一）洗浴、休闲场所的火灾危险性

（1）装饰装修可燃材料多。洗浴、休闲场所内大多采用可燃材料进行装饰装修，且一般附设有厨房、操作间，使用明火或电进行食品、菜品加工。燃料通常有天然气、液化石油气、煤气、煤油、柴油、煤炭等，容易引发火灾，还可能因燃气泄漏发生爆炸事故。

（2）用火、用电设备多。洗浴、休闲场所内照明和电器设备多、功率大，如果使用不当，很容易造成电气线路过载、短路；场所内用电设备多，电气线路复杂，吸烟现象较为普遍，极易引发火灾。

（3）人员疏散难度大。洗浴、休闲场所内人员密度大、流动性强，顾客对场所环境不熟悉，一旦发生火灾，人员惊慌失措、争先逃生，易造成拥堵导致人员伤亡；一些场所外窗设置广告牌、铁栅栏等障碍物，影响逃生和救援。

（二）洗浴、休闲场所的检查要点

（1）设有汗蒸房的洗浴、休闲场所，应符合：①汗蒸房严禁使用电热膜加热设施。②设有汗蒸房的场所应设置在一、二级耐火等级的建筑内；不应设置在居民住宅楼（含商业服务网点）、古建筑、博物馆、图书馆内；设有汗蒸房的场所不应设置在地下二层及以下。③汗蒸房内安装了加热设施一侧的顶棚、墙面、地面不宜明（暗）敷电气线路，当确有需要时，电气线路应与加热设施保持一定的安全距离，并应有防火、隔热措施。

（2）设有桑拿房、休息大厅、放映厅等的洗浴、休闲场所，应参照歌厅、舞厅、游戏（艺）机厅的检查要点相关内容。

（3）设有住宿过夜包间的洗浴、休闲场所，应参照宾（旅）馆中客房的相关要求。

（4）设有厨房的洗浴、休闲场所，应参照餐饮服务场所的相关要求。

八、商（市）场

（一）商（市）场的火灾危险性

（1）可燃商品多。商（市）场内大多商品为可燃易燃物品，有的甚至存放、经营油漆、烟花爆竹等易燃易爆危险品，除陈设在货架、柜台内的商品外，基本都设有小仓库，疏散通道上也时常会堆放周转的商品，可燃物品较多，安全隐患极大。

（2）用火、用电设备多。有的商（市）场安装了广告霓虹灯和灯箱，在商品橱窗和柜台内安装大量照明灯具；有的使用大功率冰箱、冰柜，用电荷载较大。如果消防安全管理不到位，易引发火灾事故。

（二）商（市）场的检查要点

1.商（市）场

（1）中庭区域内、疏散通道上、防火卷帘门下不应堆物和设立摊位。室外摊位设置不应占用防火间距、消防车通道。

（2）仓库、食品加工区与营业区的分隔，冷库、冰库设置区域的分隔应符合相关规范要求。

（3）设置广告牌时不应遮挡疏散指示标志。

（4）地下或半地下营业厅、展览厅不应经营、储存和展示甲、乙类火灾危险性物品。

2.小型商业用房（商业服务网点）

（1）每个分隔单元之间应采用耐火极限不低于2 h且无门、窗、洞口的防火隔墙相互分隔。

（2）每个分隔单元任一层建筑面积大于200 m^{2}时，该层应设置 2 个安全出口或疏散门。

（3）严禁在场所内停放电动车或对蓄电池进行充电。

（4）严禁储存、使用汽油、油漆、香蕉水、烟花爆竹等易燃易爆危险品。

九、教育培训机构

（一）教育培训机构的火灾危险性

（1）消防安全条件难以保障，发生火灾极易造成重大人员伤亡。教育培训机构主要分布于城市商业综合体、办公楼、综合楼，多数经过二次装修形成，部分存在疏散布局不合理、消防设施器材缺失、锁闭安全出口等问题，个别还因二次装修破坏了原有自动灭火系统、火灾自动报警系统，形成监控和保护盲区。这些突出隐患的存在，一旦发生火灾，极易因扑救困难，人员不能及时、有效疏散而造成重大的人员伤亡。

（2）用电设施多，诱发火灾概率大。教育培训机构人员多、密度大，多配备了计算机、投影仪、空调等电器设备，为用电方便，还可能存在私拉乱接电线的情况。同时，因用电频繁甚至超负荷用电，电气线路容易老化，如果疏于管理，极易发生火灾。

（3）人员流动性大，疏散逃生难度高。因教育培训机构课程办学周期普遍不长，场所内的人员流动性大，培训机构的师资以及参加课程的学员消防安全意识、逃生自救能力参差不齐。特别是部分培训机构承办学龄前和在校期间的教育课程，由于儿童及青少年学员年龄小，其判断、行动、应变和自救能力偏弱，往往成为火灾事故的主要受害者。

（二）教育培训机构的检查要点

（1）场所内疏散走道两侧隔墙应从楼地面基层隔断至梁、楼板或屋面板的底面基层。检查时可通过吊顶检修口查看分隔情况。

（2）场所内平时需要控制人员随意出入的疏散门，应保证火灾时不需使用钥匙等任何工具即能从内部轻易打开，并在显著位置设置具有使用提示的标识。

（3）对儿童培训机构的检查，应参照养老院、幼儿园中儿童活动场所的相关要求。

十、综合医院、专科医院及其他医疗单位

（一）综合医院、专科医院及其他医疗单位的火灾危险性

（1）可燃物品多，火灾荷载大。医院的病房楼有大量的棉被、床垫、窗帘等可燃物，手术室、制剂室、药房存放使用甲醇、乙醇、丙酮、苯、乙醚、松节油等易燃化学试剂，包括锅炉房、高压氧舱，消毒锅、液氧罐等压力容器和设备，一旦发生火灾，不仅燃烧速度快，而且能够产生大量烟气，甚至有发生爆炸的危险。

（2）致灾因素多，管理难度大。医院内配备的 CT 机、核磁共振仪、X 射线机、麻醉机、高频电刀等大型医疗设备不断增加，电炉、电扇、空调等生活用电设备数量众多，这些设备用电负荷大，电气线路复杂，如果检测、维护不及时，容易造成短路、超负荷等电气故障；医院昼夜对外服务，来往人员复杂，烟火控制极为困难，稍有不慎就易引发火灾。

（3）人员疏散困难，救援难度大。医院的门诊和病房楼等处人员集中，患者和陪护、探望人员数量众多，不少危重患者行动不便，加之医院内建筑结构复杂，各个部门科室相互连通，一

些医院出于防盗和管理方便夜间锁闭安全出口、安装防盗铁栅栏，病房走道加设病床占用疏散通道的情况屡见不鲜，一旦发生火灾，造成疏散困难，同时，也增加了消防人员的施救难度。

（二）综合医院、专科医院及其他医疗单位的检查要点

（1）应根据患者疏散难度大、人员高度密集等特点，制定适合医疗、医技和后勤供应、病房楼等不同场所以及手术室、心内科、ICU 等人员行动不便的科室发生火灾时疏散逃生的预案，并定期组织演练。

（2）各楼层的明显位置应设置安全疏散指示图，指示图上应标明疏散路线、安全出口、人员所在位置和必要的文字说明。

（3）场所内平时需要控制人员随意出入的疏散门，应保证火灾时不需使用钥匙等任何工具即能从内部轻易打开，并在显著位置设置具有使用提示的标识。

（4）病房内严禁使用电炉、液化气炉、煤气炉、酒精炉等非医疗器具。

（5）药库内不应使用 60 W 以上白炽灯、卤钨灯、高压汞灯及电热器具，灯具周围 0.5 m 内及垂直下方无可燃物。

（6）药库、药房内应在醒目位置设置"禁止烟火"等防火警示标志。

第三节　其他单位（场所）消防监督检查

一、轨道交通车站

（一）轨道交通车站的火灾危险性

（1）空间小、人员密度和流量大。

（2）用电设施、设备繁多。

（3）动态火灾隐患多。

（二）轨道交通车站的检查要点

（1）车站员工的应知应会能力。①员工"应知"：站长、值班员、站务员应熟悉"一站一预案"的岗位职责、掌握消防"四个能力"；保安和保洁员应掌握"最小作战单元"（民警、保安、车站员工、保洁员等）的岗位职责。②员工"应会"：车站微型消防站队员应熟练掌握空气呼吸器、消防战斗服以及消火栓、灭火器等消防应急器材装备的使用方法；其他工作人员应能熟练使用室内消火栓和灭火器扑救初起火灾。

（2）车站每月应开展消防设施联动检查，每月要对站内消防设施器材开展一次全面检查，检查情况应形成记录台账。

（3）车站最小作战单元每季度至少要开展一次消防应急处突演练。

（4）车站微型消防站应执行"一分钟响应、三分钟到场、五分钟处置"的执勤模式。

（5）安全出口、疏散通道应保持畅通，设置的广告灯箱、自动售货机等设备、物品不得影响车站的安全疏散。灭火救援专用通道出入口应统一标志标识，保持畅通。

（6）站厅、站台内栅栏式隔离设施应设置疏散逃生路线及指示标识，门禁式隔离设施断电后应自动开启，插销式隔离设施不得挂锁锁闭。

（7）轨道交通区域（车站和地下商业场所）内严禁吸烟。车站运营期间严禁动火作业。严禁携带易燃易爆危险品乘坐地铁、轻轨等轨道交通，车站内严禁储存易燃易爆危险品。

（8）车站内大功率用电器、加热设施（如微波炉）等应集中放置、管理，站内不得为电动车充电，不得使用电加热设备。商业单位应严格按照用电许可证上额定用电设备及电量规范用电。

（9）车站内应定期清理自动扶梯沉积部位、风井口下方、轨行区、端头门等车站"盲区"处的垃圾。

二、建设工程工地

（一）建设工程工地的火灾危险性

（1）施工现场面积大，临时建筑（设施）集中，作业人员数量多，消防安全管理制度落实难度大。

（2）施工现场存放大量可燃物，施工过程中动火作业多、用电设备多，多数施工现场的临时消防设施设备的设置、管理、使用不规范。

（3）现场作业人员数量多，安全疏散设施设置难以确保完好有效。

（二）建设工程工地的检查要点

（1）临时用房建筑层数不应超过3层，每层建筑面积不大于300 m²；建筑材料、构件燃烧性能等级应为A级。当采用金属夹芯材料时，其芯材燃烧等级应为A级（严禁采用泡沫夹芯彩钢板）。

（2）建筑高度大于24 m或单体体积超过30000 m³的在建工程，应设置临时室内消防给水系统。各层均应设置室内消火栓接口及消防软管接口。

（3）既有建筑进行扩建、改建施工时，必须明确划分施工区和非施工区。施工区不得营业、使用和居住；非施工区继续营业、使用和居住时，施工区和非施工区之间应采用不开设门、窗、洞口的不燃烧体隔墙进行防火分隔并加强现场管理。

（4）气瓶应保持直立状态，并采取防倾倒措施，乙炔瓶严禁横躺卧放。气瓶与火源距离不应小于 10 m，并应采取避免高温和防止暴晒的措施。气瓶应分类储存，库房内应通风良好；空瓶和实瓶同库存放时，应分开放置，两者间距不应小于 1.5 m。氧气瓶与乙炔瓶的工作间距不应小于 5 m。

（5）焊接、切割、烘烤或加热等动火作业应办理动火许可证。动火作业前，应对作业现场的可燃物进行清理。作业现场应配备灭火器材，每个动火作业点均应设置一名监护人。严禁在具有火灾、爆炸危险的场所使用明火。

（6）高层建筑外脚手架、既有建筑外墙脚手架、临时疏散通道的安全防护网应采用阻燃型安全防护网。

（7）施工现场内应设置临时消防车道。

三、厂房、仓库

（一）厂房、仓库的火灾危险性

（1）部分建筑消防条件差。一些业主会利用地下室、车库作为仓库，利用一些生产条件差的建筑，甚至是违章建筑作为厂房，耐火等级低，安全出口数量不足，缺乏必要的消防设施和器材。有的将宿舍与生产厂房、仓库设在同一建筑内，或者在仓库内设置办公、休息场所，形成典型的非法合用场所。有的业主为方便管理，用铁栅栏将窗户、通向屋面的通道封锁，造成先天性火灾隐患。

（2）易燃可燃物品多。厂房、仓库内往往会储存较多的易燃可燃物品，尤其是从事纺织、服装、鞋帽、玩具、食品等产品的生产加工企业，储存的易燃可燃物品种类繁多，有的物品混合存放，堆垛与堆垛、墙壁、灯具之间的安全距离不足，发生火灾时蔓延迅速且不易扑救。

（3）违规用火、用电。一些生产厂房、仓库场所的管理人员缺乏消防安全常识，违反电气安全管理、操作规程，随意搭接电线，使用电器取暖，使用高温照明灯具，有的为满足生产需求，用铜丝代替保险丝，私拉乱接电气线路，擅自动用明火作业，极易引发火灾。

（二）厂房、仓库的检查要点

（1）检查前应明确厂房、仓库的火灾危险性，确定火灾危险性的关键在于明确生产中使用物质及储存物质的火灾危险特性。例如，甲类物品：汽油、甲醇、乙醇、超过38%（体积分数）的白酒、液化石油气、乙烷、乙烯、黄磷、金属钾、钠及过氧化钠等；乙类物品：煤油、樟脑油、氨气、一氧化碳、氧气、镁粉、铝粉、漂白粉、液氯、硝酸等。

（2）当储存丁、戊类物品的仓库中可燃包装重量大于物品本身重量的 1/4 或可燃包装体积大于物品本身体积的 1/2 时，应按丙类物品确定。

（3）建筑间防火间距不应被占用。人员密集的生产车间内应保持疏散通道畅通，通向疏散出口的主要疏散走道的净宽度不应小于 2 m，其他疏散走道净宽度不应小于 1.5 m，且走道地面上应画出明显的标示线。

（4）甲、乙、丙类中间仓库应采用防火墙和耐火极限不低于 1.5h 的不燃性楼板与其他部位分隔。中间仓库是指为满足日常连续生产需要，在厂房内存放从仓库或上道工序的厂房（或车间）取得的原材料、半成品、辅助材料的场所。

（5）丙类仓库不应使用碘钙灯和 60 W 以上的白炽灯等高温照明灯具。

（6）仓库的每个库房应在库房外单独安装电气开关箱，保管人员离库时，应切断场所的非必要电源。

（7）仓库内敷设的配电线路应穿金属管或难燃硬塑料管保护，不应随意乱接电线、随意增加用电设备。

（8）厂房、仓库内严禁设置员工宿舍。

（9）甲、乙类物品和一般物品以及容易相互发生化学反应或者灭火方法不同的物品，必须分间、分库储存，并在醒目处标明储存物品的名称、性质和灭火方法。

（10）仓库内储存物品应分类、分垛、限额存放。每个堆垛的面积不应大于 $150\ m^2$，主通道的宽度不应小于 2 m。物品与照明灯之间的距离不小于 0.5 m；物品与墙之间的距离不小于 0.5 m；物品堆垛与柱之间的距离不小于 0.3 m；物品堆垛与堆垛之间的距离不小于 1 m。

四、养老院、幼儿园

（一）养老院、幼儿园的火灾危险性

（1）可燃易燃物多。托儿所、幼儿园的桌椅、板凳、床、玩具、被褥等多为可燃物品。养老院使用的床上用品、家具和生活用品也基本都是可燃物品。

（2）人员疏散困难。托儿所、幼儿园的主要群体为儿童，判断、应变和自救能力差，发生火灾时，容易恐慌、混乱；养老

院老年人居多，部分老人行动不便，发生火灾后，场所内人员疏散难度较大，稍有处置不当，就可能造成严重后果。

（3）消防管理难度大。有的老人习惯卧床吸烟、乱扔烟头；个别老人自我控制能力较弱，情绪波动较大，可能出现放火、玩火现象。有的护理人员责任心不强，不能有效控制火源，稍有疏忽就可能酿成火灾。

（二）养老院、幼儿园的检查要点

（1）老年人（儿童）活动场所不应设置在4层及以上楼层以及地下和半地下室。

（2）场所应设置至少2个安全出口或疏散楼梯。

（3）养老院、福利院、幼儿园、托儿所等的寝室、宿舍，应当安装独立式火灾探测报警器，已安装火灾自动报警系统的除外。

（4）严禁使用明火取暖、照明、驱蚊等，严禁使用电炉、电热毯等用电设备，严禁私拉乱接电线。

（5）晚间就寝时应开展不少于2次防火巡查。

▶第五章　消防宣传教育培训

　　消防宣传教育不仅是提高全民消防安全意识的有效途径，更是维护社会稳定、促进经济发展的基础和前提。开展全民消防宣传教育活动，一直是涉及多方面的系统工程。本章内容包括消防宣传教育与消防安全培训。

第一节　消防宣传教育

　　只有广大人民群众提高火灾防范意识，掌握防火、灭火和逃生常识，才能有效预防和减少火灾带来的危害。公安派出所应当开展消防宣传教育，提高人民群众消防素质，增强全社会抗御火灾的能力。

　　公安派出所要将消防安全宣传教育工作纳入日常消防监督检查内容，社区民警要指导督促社区、住宅小区开展消防安全宣传教育工作。宣传教育要坚持从实际出发，采用因地制宜、灵活多样的方式，广泛深入地开展各类宣传教育活动，推动消防安全责任制的落实，提升全民消防安全素质，增强全社会火灾防控能力。

一、消防宣传教育工作内容

（一）消防宣传教育基本工作内容

　　（1）国家及本市有关消防工作的方针、政策和法律法规、技术规范标准。国家及本市有关消防工作的方针、政策和法律法规、技术规范标准主要包括《消防法》《机关、团体、企业、事业单位消防安全管理规定》等消防法律和规章、本市颁布的地方性消防法规和规章，以及相关的消防规范性文件。

（2）重大消防事件、消防活动和工作动态。发生在市民周围，与社会单位和社区居民息息相关的消防事件和工作动态，要及时宣传，形成一定的社会影响。

（3）火灾案例警示宣传教育。通过近期发生的全国及本市典型的火灾案例警示市民，可以通过观看火灾警示教育片，悬挂、张贴火灾警示图片海报等形式进行。

（4）防火、灭火、逃生自救常识。防火、灭火、逃生自救常识主要包括火灾报警、火灾预防知识、初起火灾扑救常识、逃生常识。

（二）消防宣传教育"七进"工作内容

1.进社区

（1）指导社区组织居民学习掌握安全用火、用电、用气、用油和火灾报警、初起火灾扑救、逃生自救常识，查找、消除家庭火灾隐患；自觉遵守消防安全管理规定，不圈占、埋压、损坏、挪用消防设施、器材，不占用消防车通道、防火间距、保持疏散通道畅通。

（2）指导社区建立消防安全宣传教育制度，制定居民防火公约；组织居民参加消防教育活动和消防安全自查及灭火、逃生演练；发动社区消防志愿者、志愿消防队员帮助查找消除火灾隐患。

（3）指导社区设置消防宣传牌（栏）、橱窗等，适时更新内容，利用小区楼宇电视、户外显示屏、广播等播放消防安全常识。

（4）鼓励、引导居民家庭配备必要的报警、灭火、照明、逃生自救等消防器材，并教会其使用方法。

2.进农村

（1）指导村民委员会建立消防安全宣传教育工作制度，制定村民防火公约，明确职责任务。

（2）在农忙时节、火灾多发季节、春节、元宵节、清明节及民俗活动期间，集中开展有针对性的消防安全宣传教育活动。

（3）在农村集市、场镇、主要道路路口、村民委员会办公场所设置消防宣传栏（牌）、橱窗，张贴消防宣传标语、图画。

（4）督促村民委员会设置消防宣传员，鼓励村民加入志愿消防队、巡防队，宣传消防安全知识；指导乡村企业开展消防安全宣传教育工作。

3.进学校

（1）督促指导学校将消防安全知识纳入教学内容，针对不同年龄段学生分类开展消防安全教育，每学年组织师生开展疏散逃生演练、消防知识竞赛、消防趣味运动会等活动。

（2）督促指导学校利用"防灾减灾日""119消防周"、新生入学等时期集中开展消防宣传教育活动。

（3）督促学校每学年布置一次由学生家长共同完成的消防安全家庭作业，通过对学生的宣传教育，带动家庭成员提高防火意识。

（4）督促学校利用校园电视、广播、网站、报刊、电子显示屏、板报等，经常宣传消防安全内容，指导有条件的学校建立消防安全宣传场所，配置必要的消防器材、宣传资料。

4.进企业

（1）督促、指导社会单位（场所）建立消防宣传工作制度。

（2）根据单位（场所）规模大小、性质，指导制定灭火和应急疏散预案，张贴逃生疏散路线图，消防宣传图片、标识。

（3）根据单位（场所）规模大小、性质，督促、指导社会单位（场所）开展员工消防宣传教育，使其达到懂本单位火灾危险性、会报火警、会扑救初起火灾、会火场逃生自救的要求。

5.进机关

（1）指导机关、团体、事业单位应建立本单位消防宣传教育制度，健全机构，落实人员，明确责任，定期组织开展消防安全宣传教育活动，并建立活动档案。

（2）指导机关、团体、事业单位应制定灭火和应急疏散预案，张贴逃生疏散路线图。确保消防安全重点单位至少每半年、其他单位至少每年组织一次全员消防疏散演练。

（3）督促机关、团体、事业单位应每年开展全员消防安全培训，确保全体员工懂基本消防知识，掌握消防设施器材使用方法和逃生自救技能，会查找火灾隐患、扑救初起火灾和组织人员疏散逃生。

（4）督促指导机关、团体、事业单位在每年"119消防周"等消防宣传教育重要节点，加大消防宣传力度，丰富活动内容。

6.进家庭

（1）动员家庭成员学习掌握安全用火、用电、用气、用油和火灾报警、初起火灾扑救、逃生自救常识，经常查找、消除家庭当中存在的火灾隐患。

（2）教育未成年人不玩火，对鳏寡孤独、老弱病残、空巢家庭建立联系制度，结成邻里看护的帮扶对子，定期开展上门式消防安全宣传服务，提高防范能力。

（3）提倡家庭制定应急疏散预案并进行演练，发动每个家庭积极参加疏散逃生演练。

（4）依托居（村）委会等组织，定期组织城乡居民群众到附近的消防站、消防科普教育基地等参观体验。

7.进网站

（1）通过微信、微博每天向目标人群推送消防知识和发送国家消防政策方针、法律法规、管理要求、工作指导意见、火灾警示、消防常识等信息。

（2）有条件的单位可开发适合网络传播的动漫、微视频、微电影等消防宣传产品，在各网站积极推送。

（3）适应移动互联网时代的宣传特点，在全年的各重要宣传节点发布消防安全提示，方便网民快捷地学习消防安全常识。

二、社会化消防宣传教育

消防人员可利用消防宣传展板、固定消防宣传栏等形式，在社区、企业、学校等处刊载各类火灾防范常识，并根据季节变化或重大节日宣传的实际需要更换内容。在重点时段（如"5·12"防灾减灾日、119消防宣传日）可深入社区、企业开展集中宣传，组织消防知识宣讲和消防技能展示等活动。分类制订居民、社会单位逃生疏散演练方案，发布通知或通告，提前告知市民、员工按时、主动参与疏散逃生演练。充分调动社区消防宣传大使的积极性，借助这一群众宣传力量，深入社区、家庭开展消防宣传。

可结合辖区火灾发生的情况，针对某一特定火灾现场，组织社会单位、居（村）民现场参观，促使大家直观认清火灾的严重危害。

（一）消防宣传活动主题策划

主题消防宣传活动是最常见的社会化消防宣传活动，其策划一般遵循确定主题、收集资料、创意构思、制订方案、提交审定、调整反馈等程序。

1.确定主题

主题的原意是文学艺术作品中所表现的中心思想，这里引申为消防宣传所体现、所彰显的观点或观念。消防宣传主题策划是有目标指向的策划活动，主题就是它的灵魂和方向。

消防宣传主题的确定要紧跟时代步伐，坚持走群众路线，除了要考虑活动的宣传需要，还要考虑媒体的需要、社会大众的需求品位，把消防宣传的目标任务与群众安全需求和媒体报道取向有机结合，把消防宣传的兴奋点与媒体的关注点以及群众的关注点有机结合，达到宣传价值和新闻价值的最大化统一。

2.收集资料

消防宣传主题策划工作，只有资料准备充分，才可能作出正确的判断。

（1）理顺资料收集思路。收集资料前，先明确目的，确定方向。收集资料是为了达成什么目的、从这些资料得到什么结论、大概需要哪几个方面的资料，等等。最好是用一句话把目的写下来，在脑海中形成明确印象。

（2）细化资料收集点。对资料收集方向进行细分，使之细化成一个个"资料收集点"，使收集到的资料更全面、系统，更有利于整合。

（3）明确收集途径。网络时代，互联网因其方便快捷、资讯海量等优势往往成为查找资料的首选方式。网络上收集资料的途径一般有搜索引擎、局域网、行业网站等。

（4）系统记录资料。在收集资料的同时，随时记录阅读过程中迸发出的灵感，及当初没有考虑到的资料收集点，这样就不至于漏掉一些重要的零散细节。

（5）整合分析资料。资料收集、记录完成后，对其进行整理、归纳及分析。整合各种观点，探究资料之间的内在关联。

3.创意构思

创意是围绕主题开展的具有创造性的想法和构思，对于消防宣传策划来说，就是其内容、形式或所体现的思想观点等，要具有一定的新颖性、独创性和突破性。

创意的构思是一个集思广益的过程，在吸取并采纳诸多合理化建议的基础上不断地丰富与完善。可采取头脑风暴法，针对某个问题，几个人集中在一起，自由大胆地思考问题，以产生解决问题设想的群体决策方法。这种方法，要求每个与会者理解并遵守以下四项规则：

（1）不要批评别人的设想，对设想的评论在以后进行。

（2）鼓励无所顾忌，自由大胆地思考，设想看起来越离奇就越有价值。

（3）保证产生一定数量的构想，提出的设想数量越多，就越有可能获得更多有价值的解决问题的办法。

（4）善于综合，策划者在别人设想的基础上进行组合和改进。

4.制订方案

方案是将闪现、形成于头脑中的灵感、点子，用文字、图表等有形的符号记录下来和表现出来。它是主题的具体体现，是创意构思的物化。它将思路客观清晰地呈现出来，使烦琐复杂的工作有条理、有效率地实施。

（1）明确策划目的。用简明扼要的文字加以说明，让所有参与活动的人，在实施方案的时候做到心中有数、目标明确。

（2）明确责任主体。明确活动的指挥者、主打团队和配合团队，并把任务落实到具体的责任人。分工安排时不仅要考虑个体，还要考虑人员组合搭配，考虑整体配置，使每个人在总体协调下释放出最大的能量。

（3）明确工作期限。策划一环扣一环，一个环节的拖拉与延误，势必影响全局。要细化整体期限和各环节的完成时间，同时要预留适度弹性空间。

（4）明确工作流程。对活动的过程整体把握，关键节点必须作出提示。尤其是如何启动、高潮何时营造、怎样结束等，要求要清晰，指令要具体，以便于操作。

5.提交审定

在经过信息收集、调查研究和资源整合后，形成可行性的方案供决策者定夺。为了使方案更加完善，有时需邀请有关专家进行座谈讨论，对策划进一步丰富。

6.调整反馈

在实施过程中不断掌握反馈的信息，实时调整方案。活动结束后，及时进行跟踪反馈，为下次策划积累经验。任何一项宣传活动的组织与实施，都是为了得到最好的宣传效果。开展消防宣传活动，无论采取何种形式，使用何种手段，都必须有一个出发点和落脚点，这就是消防宣传的主题。在消防宣传教育活动中，并非邀请的领导多、参加的群众多、参与的媒体多，就会取得特别好的宣传效果，只有突出宣传重点，才能更加突出活动的针对性，收到最有效的宣传，达到事半功倍的效果。

（二）消防宣传活动组织实施

组织实施是社会化消防宣传教育工作的重要阶段，是最关键、最精彩、最引人注目的环节。下面分别以广场宣传、疏散逃生演练、"三提示"宣传和宣讲授课为例，介绍这些常见的宣传教育工作的组织实施方法。

1.广场宣传

（1）准备工作。①结合宣传主题，拟订宣传方案：方案内容包括宣传主题、人员组织、场地时间安排及对社会单位的要求。②制定经费预算，对宣传活动所需经费进行细致分解。③紧扣宣传主题，准备宣传资料、展板，进行印刷、制作。

（2）组织实施。①选择场地。人员密集、流量大的闹市区，如商贸集中区、大型市区广场，也可以深入单位进行点对点宣传。②选择时间。除"119消防日"等固定宣传时段外，尽量安排在节假日。③营造氛围。有音像播放，有横幅标语。大型的专题广场消防咨询活动，可邀请市民比较熟悉和喜爱的电视节目主持人等公众人物进行现场主持，以聚集人气。④开展活动。设固定宣传咨询台和流动宣传点，对人员进行合理分配。可安排周边单位保安、社区居委会人员、消防志愿者等参与，与消防人员共同开展咨询活动。⑤收集资料。活动中，应安排人员对咨询活动进行摄影、摄像，视情可邀请媒体采访报道。

（3）后续工作：①档案收集。将宣传资料及时归档，有关设施器材及时入库。②分析评估。通过宣传咨询情况评估活动效果，总结经验，发现不足，以便今后开展活动借鉴。

2.疏散逃生演练

组织群众开展疏散逃生演练是有效提高公众自救逃生和初起火灾扑救能力的途径。下面以上海市高层住宅楼为例，介绍疏散逃生演练的实施方法。

（1）疏散逃生演练的组织。高层住宅楼疏散逃生演练通常由居委会或物业公司组织实施，辖区公安消防部门指导本区域或本小区示范性疏散逃生演练。①演练告知。演练前，要通过张贴告示或逐户通知等方式，告知演练时间、内容和相关要求，明确疏散集中地点，并动员居民积极参与演练。②学习常识。接到演练告知后，居民要自行学习《上海市民消防安全知识读本》，了解掌握疏散逃生方法。③发出信号。演练时，可通过消防应急广播、警铃、门禁系统或其他途径，发出演练实施信号。④逃生准备。居民接到演练信号后，要关闭正在使用的燃气、电器等设备，并准备毛巾、简易防烟面具、湿棉被（毛毯）等逃生装备，做好逃生准备。⑤引导疏散。物业管理人员、居委会工作人员以及消防志愿者要通过喊话、敲门，以及手持疏散引导棒等方式，及时引导或帮助楼内居民疏散逃生。⑥实施逃生。穿越浓烟区域时，要使用毛巾捂住口鼻，采取低姿方式，迅速沿疏散楼梯进行逃生；穿越火区时，要使用湿棉被（毛毯）披在身上，快速逃离着火区域；火灾初期，可视情使用电梯进行疏散逃生；疏散通道、楼梯被烟火封堵，疏散困难时，可视情况使用绳索、被单拧结、逃生器具等实施外部逃生，撤至地面或下层安全区域。⑦人员清点。居民疏散至指定集结区域后，应主动向居委会工作人员通报人员疏散情况，居委会工作人员按户做好登记。⑧现场讲评。疏散逃生演练结束后，要组织现场讲评，指出演练中存在不足并提出改进意见。

（2）疏散逃生演练的要求。①居民疏散逃生演练要尽量安排在双休日组织实施，提高居民参与率，确保演练效果。②大楼内居民平时要熟悉掌握居住建筑内部结构，尤其是疏散楼梯、避难间的位置。③各住宅楼要设立楼宇消防志愿者，并为其配备必要的防护和引导装备。④疏散逃生过程中，要在第一时间拨打电话报警，并视情开展自救或互救。⑤疏散逃生时，要尽量靠近疏散楼梯右侧依次下行，避免上下冲撞和相互拥挤。⑥疏散逃生演练组织工作要严密，逃生行动要迅速、安全，疏散至集中地点集合。⑦疏散逃生演练结束后，演练组织者要现场听取参与者关于大楼消防隐患的报告，做好整改并予以反馈。

3."三提示"宣传

（1）"三提示"宣传的基本内容。提示公众所在场所火灾危险性；提示公众所在场所安全逃生路线、安全出口的具体位置，遇到火灾等紧急情况如何正确逃生、自救；提示公众所在场所内灭火器、防护面罩、手电筒等灭火、逃生设备器材具体放置位置和使用方法。

（2）"三提示"宣传的适用范围。"三提示"宣传适用于所有公共场所，尤以人员密集场所为重中之重。

4.宣讲授课

宣讲与授课是消防宣传教育工作者应普遍掌握的技能，是通过语言和课件等手段，与群众交流思想、传播信息、发表见解、传授知识的一种社会交流活动，是消防宣传教育工作贯彻从群众中来到群众中去的一种有效形式。宣讲与授课是一门科学，也是一门艺术。要使宣讲授课获得成功，必须谙熟宣讲与授课的规律，学习宣讲与授课的理论和技巧。一般来说，宣讲与授课的能力培养首先要善于观察和学习别人的宣讲授课，从学习模仿开始，其次要加强实际锻炼，不断总结提高。

（1）宣讲与授课的基本要求。①主题明确。宣讲与授课的主要目的是通过自己的讲解，引起受众情感的共鸣，对其思想、态度和行为施以影响；宣讲与授课必须有鲜明的主题，并围绕主题展开论述，切忌杂乱无章、面面俱到。②层次分明。宣讲与授课最普遍、最有效的构造方法是三段式：起首、中间、结尾。这种方法结构清楚、层次分明，有利于受众理解全篇，从而有效地得到理智和情感上的启迪，进而达到宣传教育的效果。③材料丰富。材料是宣讲与授课的血肉。如果只有空洞的观点，没有具体的印证，做到有理有据，再卓越的宣讲与授课者都无法讲得生动活泼。因此必须围绕主题充实材料，选用大量的事例，拨动受众的心弦，引起共鸣。对于消防宣传教育工作者来说，火灾案例无疑是最好的材料。④语言生动。任何宣讲的思想内容都要依靠有声语言来表达，而声过即逝，受众不能像阅读文章那样，随意翻阅，仔细琢磨。只有当场听得清楚，才会有所收益，宣讲的目的才能达到。所以宣讲者一定要注意正确运用语言，尤其要尽可能口语化，讲普通话，注意语调、语速。

（2）宣讲与授课的前期准备。要使宣讲与授课达到预期效果，事先一定要认真准备。宣讲与授课前期准备的内容和程序大致可分为四个方面：①拟定主题，撰写讲稿。主题的选定，虽无固定模式，但还是有一定规律可循的。一般来说，要紧密结合形势，选择人们感兴趣、时新的话题。比如在一起有影响的火灾发生后，就可以选定此类火灾的预防为主题。②熟记讲稿，厘清思路。宣讲者在宣讲授课前，要尽可能熟记内容，厘清思路。厘清思路，就是把讲稿的中心内容、条理层次都思考清楚，既能熟记背诵，又能融会贯通，这样，宣讲授课时才能准确清晰、生动流畅，具有感染力。③了解受众，有的放矢。了解受众可以加强宣讲授课的针对性。了解受众，不但要了解他们的年龄、职业、文化素养，还要了解他们对宣讲授课所抱的态度，做到有备而来。④反复练习，理解体味。可以依据宣讲授课内容，事先反复进行口头表达的训练，并仔细体会其中的思想观点、感情色彩。事先练习不仅有助于熟悉宣讲授课的内容，还可以及时发现缺点和不足，及时纠正调整，提升宣讲授课的效果。

三、传统媒体消防宣传教育

　　传统媒体包括报纸、广播、电视。利用传统媒体开展消防宣传，就是利用报纸、广播和电视刊发消防消息、广告、安全提示、文艺作品，刊播消防专版、专题、专访，开设消防专版、专栏，普及消防知识，传播消防安全理念，树立消防部队良好形象，推动消防工作开展。利用传统媒体开展消防宣传教育工作，就要熟练掌握所用媒体的传播规律，努力提高专业化水平。

（一）报纸

　　利用报纸开展消防宣传主要有刊发消防消息、评论、文章、专版、广告、文艺作品，开办消防专栏等形式。下面重点介绍消防专版和专栏。

1.消防专版

消防专版是报纸围绕一个时期的消防重点工作或者消防热点话题，利用一篇或者一组稿件，以图文并茂的形式，深入报道消防工作、普及消防知识的专门版面。通常是一个整版，也有的是半个或者 2/3 版面甚至于一个以上的版面不等。消防专版需要注重新闻性、专业性、服务性与版面艺术性。

（1）新闻性。围绕当时的重点工作或者时下的消防热点话题进行深入报道，要突出新闻性。专版刊发的信息要新，介绍的知识也要新，即便是纯知识性的稿件，也应根据当下形势的需要，刊载读者最需要、最想了解的新知识。

（2）专业性。注重纵深的拓展而不是面上的扩张，它以对消防工作某一方面或某一阶段报道的集中、深入与丰富，作为自己的立足点。

（3）服务性。服务性也就是实用性，就是要及时反映群众生活当中出现的消防问题与难题，并想方设法为他们排忧解难。

（4）版面艺术性。紧紧围绕版面主题，突出专题、突出重点、点面结合、图文并茂，吸引并抓住读者的眼球，感染读者。

2.消防专栏

消防专栏是指在报纸上专门刊发消防内容稿件的栏目，一般有相对固定的版面位置、刊发周期、栏头标志。刊发的内容丰富，包括消防的工作动态、文章、评论、安全提示、文件法规、文艺作品等。

相对于消防专版的深入报道而言，消防专栏一般侧重于面上的报道。消防专栏的版面一般小于消防专版，但同样也注重新闻性、专业性、服务性与版面艺术性。

（二）广播

利用广播电台开展消防宣传主要有播发消防消息、专题、专访、知识讲座、安全提示、广告、歌曲等语言类文艺节目，进行消防现场电话连线报道，开办消防栏目等形式。下面重点介绍消防现场连线和专栏。

1.现场连线

广播消防活动现场连线以电话为媒介，以口述或者对话的形式把新闻信息直接传播出去。连线报道要求参与者有收放自如的现场驾驭能力，以及流畅清晰的口头表达能力。广播连线报道需要写好报道提纲。广播连线受时间的限制，要用准确的词语，表达要说的意思，不说空话、套话。语言魅力是广播连线报道的优势，连线要有一个明确的主题思想，用词要普通，句子要简短。要克服书面语言环境的影响，只抓重点。连线报道的精华集中于事件活动的情况进展，要使人们能够通过连线受访人客观的描述，了解真实的情况。不应过于渲染，要用通俗的语言将所看的内容表达出来。

2.消防专栏

固定时间反复播出同一类内容是利用专栏开展消防宣传的最大优势，消防部门在电台开设专栏，应坚持正面宣传，用正确的舆论引导人。这既是对消防新闻宣传报道工作的要求，也是开展消防新闻宣传报道工作必须遵循的原则。要充分发挥和挖掘广播媒体的作用，使消防信息以最快的速度传播给公众。

专栏内可以设置消息、深度报道和人物报道等版块。深度报道主要是深入挖掘各种消防安全常识、火灾案例和火场逃生的基本方法、消防法律法规。人物报道类主要宣传消防部队在消防监督、灭火及抢险救援、拥政爱民等方面涌现出来的先进典型人物或集体，记录消防官兵的勇敢和无畏，从不同侧面反映先进集体、先进人物事迹及消防部队战斗生活，展示消防官兵风采。

（三）电视

利用电视开展消防宣传主要有播发消防消息、专题、安全提示、公益广告及开办消防专栏等形式，下面主要对消防专题和专栏进行简要介绍。

电视消防专题是指以消防内容为主题的电视专题节目，是电视台每天播出的相对独立的信息单元，主要是单个节目的组合，是按照一定内容（如新闻、知识、文艺）编排布局的完整表现形式，它有固定的名称、固定的播出时间（即起止时间固定）、固定的栏目宗旨，每期播出不同的内容，来吸引人们的视线，给人们带来信息知识。电视消防栏目是专门播出消防内容的电视栏目，也叫电视消防专栏，节目形式灵活多样，内容丰富多彩。

（1）栏目定位。栏目定位的内容包括：①栏目的受众定位。栏目的受众定位就是栏目的受众对象的定位，它受制于电视媒体定位和电视节目的频道定位。考虑因素包括受众的政治、经济、文化、社会背景，受众的年龄、性别、职业、文化程度和个人爱好等。②栏目的内容定位。栏目的内容定位主要是指栏目的宗旨、性质、文化品位、地方特色等。这主要取决于栏目的受众定位，根据不同的受众加强内容的针对性。③栏目的形式定位。栏目的形式定位主要表现在栏目的结构形态、表达方式以及时段选择等方面。

（2）栏目选题。栏目一般将选题重点放在消防工作及其与社会方方面面的关系上。

（3）栏目结构。栏目结构一般由三方面组成：①社会背景展示。栏目首先要交代好选题的社会背景，包括社会影响度、百姓关注度和选题相关的政策法规以及知识。②主题故事叙述。要努力做到展示矛盾、抓住细节、制造悬念、讲好故事；特别是要注意运用悬念，埋下伏笔，留下想象空间，从而抓住观众的解谜、求知心理。③专家分析评述。由于专家讲评往往是从具体的消防事例入手，容易谈得具体、生动，使观众对相关的法律问题，能够从感性认识上升到理性认识，使观众易于接受和理解。

四、其他消防宣传教育方法

（一）新媒体

新媒体是相对印刷媒体、电子媒体等传统媒体而言，主要分为网络新媒体、数字新媒体、客户端三类。新媒体传播速度快、信息量大、互动性强，已经成为信息传播的主要工具。基层派出所可通过微博、微信、短视频平台等方式开展新媒体宣传。

1.微博

微博具有短小精悍、便利快捷、即时互动的特点，其评价体系包括传播力、服务力和互动力。消防政务微博的内容被网民看到的越多，通过微博平台接受消防部门服务的网民越多，微博与网民互动的指标越高，内容引发网民响应的越大，证明微博的作用影响力越大。

在微博中可通过转发、评论、微话题等形式与网民进行交流，宣传有关消防方面的法律法规、防火知识和逃生救援方法和消防安全提示，社会公众可在打开微博浏览、参与互动的过程中零距离接触、学习消防安全知识。同时，可通过官方微博的权威发布，向网民第一时间告知相关信息，对一些网民提出的问题有针对性地组织讨论，释疑解惑，有利于对社会群众的关注点和需求点进行正面引导，可为社会稳定发展提供正能量，避免负面舆情和不准确的信息发酵蔓延。

2.微信

微信通过互联网络发送语音短信、视频、图片和文字，具有用户数量庞大、发布即时快捷、裂变式传播的特点，近几年迅速发展成为人们获取信息、参与交流互动的重要平台。作为新媒体宣传的重要组成部分，消防政务微信在全国各级公安消防部门广泛应用，做到"动动手指滑滑屏"就可以完成"指尖上的政民对话"。

基层派出所应积极顺应信息化、网络化的时代潮流以及新媒体的发展趋势，高度重视、大力推动消防政务微信的应用。由于消防政务微信可发送语音、文字、表情、图片、视频、地理位置等信息，表现形式活泼多样，为网民的表达提供了多种方式。通过语音或单条图文发布消防民生话题，激发受众的阅读体验和参与热情。开通这样的政务平台，有助于进一步改善政府部门在公众中的形象，拉近警民距离。

消防政务微信通过在线发布、求助、咨询、问询、投诉等，应用一对一的传播模式，实现警民互动。通过移动政务办事平台应用，让公众足不出户就可以了解办事的业务流程，及时回应公众的咨询、投诉、举报等，实现警民之间"点对点"的客户服务。

与微博不同的是，微信不同于微博的主动性拓展，微信更多的是来自用户对其推送内容的自主需求判断。在公众平台版本优化之后，微信强大的后台管理工具，在很大程度上能够满足用户需求。当公安消防部门以权威的政务信息占领了舆论阵地时，微信能够有效避免负面舆论的传播。

3.短视频平台

为提高消防工作的宣传质量，可以通过短视频进行直观、高效、大众化的宣传，以实现消防宣传的工作目标。

消防工作主要包括火灾防范、灭火救援等事关人民生命财产安全的各个方面，而为了从源头避免突发火灾的发生，就需要人民群众树立消防安全意识。在利用短视频进行宣传的时候，首先就是根据防火、灭火等主题进行短视频的制作，利用短视频的社交效益完成消除宣传工作。在以火灾现场为主题的短视频的制作宣传时，需要保障视频发布的时效性和实用性，通过火灾案例警示教育、消防违法行为"以案说法"等形式切实提升群众的消防安全意识，具有更为深入的传播性。在短视频制作完成之后，第一时间逐级审核，合法合规进行发布。确保短视频的真实性和时效性，这样才可以更好地发挥出火灾现场短视频的消防宣传效果。

消防单位可以与当地宣传部门进行合作，从而制作针对性的消防宣传短视频。在消防宣传短视频进行制作选题的时候，需要坚持"从小入手"的原则，以一些实际、贴切的事例为消防指导内容，从而更易让群众接受与理解学习。

在融媒体发展的背景下，消防部门可以在消防宣传中心的基础上，成立一个融媒体的消防视频宣传团队，联合专业的技术团队，激发出消防人员的聪明才智，制作出更加有趣直观的消防宣传短视频，在该团队运行的过程中还应建立完善科学的管理机制，确保每一部消防宣传视频都经过了审核与检查，保障消防宣传工作的正确性和有效性。

（二）科普阵地

借助消防博物馆、消防体验馆以及各消防站等消防科普教育场馆，有计划地组织市民、单位员工、学校师生参观体验，学习了解消防自救、互救技能和常识。

依托消防科普教育基地开展消防科普宣传教育活动，是提高全民消防安全意识的重要途径。消防科普教育基地专业化、规模化、大众化，以及针对性、常识性、趣味性强的特点，可以有效地增强社会公众的消防安全意识，更好地帮助社会公众消除错误的消防观念和误区，从而推动社会公众养成良好的消防行为习惯，最大限度地预防和遏制火灾事故的发生。大力开展消防科普教育工作，还可以积极争取社会各方面的支持，在全社会形成一个人人关心消防、人人重视消防、自觉做好消防工作的良好局面。

从宣传教育整体的格局看，各级各类消防科普教育基地已经成为开展社会化消防宣传教育、普及消防安全知识、传播消防安全理念、提高全民消防安全意识的主阵地，以面对面、手把手的形式，以融合知识性和趣味性于一体的手段，以直观、通俗、亲民的效果，对前来参观体验的受众起到最直接的示范作用，具有很高的宣传效果和实践价值。

（三）社会各级消防宣传教育力量

做好消防宣传教育工作，必须发挥各级政府和有关行业主管部门的主导作用，形成齐抓共管的局面。《消防法》第六条规定：各级人民政府应当组织开展经常性的消防宣传教育，提高公民的消防安全意识。机关、团体、企业、事业等单位，应当加强对本单位人员的消防宣传教育。公安机关及其消防机构应当加强消防法律、法规的宣传，并督促、指导、协助有关单位做好消防宣传教育工作。教育、人力资源行政主管部门和学校、有关职业培训机构应当将消防知识纳入教育、教学、培训的内容。新闻、广播、电视等有关单位，应当有针对性地面向社会进行消防宣传教育。工会、共产主义青年团、妇女联合会等团体应当结合各自工作对象的特点，组织开展消防宣传教育。村民委员会、居民委员会应当协助人民政府以及公安机关等部门，加强消防宣传教育。这些规定，从法律上为消防宣传教育力量的形成和消防宣传工作的开展奠定了社会基础。

1.机关、团体、企业、事业单位

单位是社会的基本组成细胞，单位可以分为机关、团体、企业、事业单位等，这些单位是消防宣传工作最可倚重的社会资源。机关、团体、企业、事业单位中法人单位的法定代表人或非法人单位的主要负责人是单位的消防安全责任人，对本单位的消防安全工作全面负责。单位应逐级落实消防安全责任制和岗位消防安全责任制，逐级明确岗位消防安全职责，确定各级、各岗位的消防安全责任人。一般来说，单位应做好以下几项工作：

（1）建立消防宣传教育制度。按照规定，机关、团体、企业、事业单位应建立本单位消防安全宣传教育制度，健全机构，落实人员，明确责任，定期组织开展消防安全宣传教育活动。单位宣传制度的建立为消防宣传活动的开展提供了有力的保障。

（2）组织灭火、逃生疏散演练。机关、团体、企业、事业单位应制定灭火和应急疏散预案，张贴逃生疏散路线图。按照规定，消防安全重点单位至少每半年、其他单位至少每年组织一次灭火、逃生疏散演练。这些演练普及了单位的消防知识技能，提高了他们的消防知识水平。

（3）定期开展全员消防安全培训。机关、团体、企业、事业单位应定期开展全员消防安全培训，确保全体人员了解基本消防常识，掌握消防设施器材使用方法和逃生自救技能，会查找火灾隐患、扑救初起火灾和组织人员疏散逃生。这些定期开展的安全培训为消防宣传教育打下了坚实的基础。

（4）开展消防安全知识的宣传。机关、团体、企业、事业单位应设置消防宣传阵地，配备消防安全宣传教育资料，经常开展消防安全宣传教育活动；单位的墙报、黑板报、广播、闭路电视、电子屏幕、局域网等应经常宣传消防安全知识。这些单位内部的宣传教育可以起到教育一个员工、影响一个家庭的作用，从而带动全社会对消防安全的关注。

单位这些工作的开展，为消防宣传教育打下了良好的社会基础，并在此基础上进一步提高宣传的广度和高度，可以收到很好的宣传效果。

2.社区、农村居村委等基层组织

社区、农村火灾大多发生在居民家庭，给人民群众的生命财产造成直接威胁，加强消防宣传，提高居民的消防安全意识和逃生自救技能，是减少社区、农村火灾最直接、最有效的途径。社区居委会、农村村民委员会等落实自身消防宣传工作职责，开展多种形式的宣传教育活动，应做好以下几项工作：

（1）社区居委会、农村村民委员会建立并落实社区、农村消防宣传制度，定期对居民、村民组织开展消防宣传教育。

（2）社区建立义务或志愿消防宣传组织，每年组织开展不少于 1 次的消防专题宣传，开展群众喜闻乐见的消防宣传活动。

（3）社区居委会利用宣传橱窗、公告栏等经常开展消防安全知识宣传。

（4）社区居委会在社区普及社区、家庭消防安全知识。

（5）社区定期组织群众就近参观消防站。利用社区警务室建立消防宣传活动室，配备必要的灭火器材、消防训练演示器具和消防宣传教育资料，如图文并茂的火灾案例、形象生动的消防漫画、言简意赅的消防警示标语、消防安全挂图等音像和报刊资料等。

（6）有针对性地组织开展对社区孤寡老人和儿童等特殊群体的消防宣传教育工作。

（7）村民委员会及其他村民自治组织制定村民防火公约，建立消防宣传教育制度和活动档案，并积极利用民风习俗、乡规民约、墙报、标语、广播等形式，宣传普及消防常识。鼓励设立固定消防安全宣传牌、宣传栏，每年在人员集中场所组织一次消防宣传教育活动，发挥农村警务室的作用，对农民进行消防宣传教育。

第二节　消防安全培训

消防安全培训教育是指培养和训练消防安全技术工人、专业干部和业务骨干的教育工作，也是培养在职员工消防安全素质和消防安全业务能力的一个重要途径，有一定的专业技术性。

一、消防安全培训的管理职责

《社会消防安全培训教育规定》（公安部令第 109 号）第

三条明确指出：公安、教育、民政、人力资源和社会保障、住房和城乡建设、文化、广电、安全监管、旅游、文物等部门应当按照各自的职能，依法组织和监督管理消防安全培训教育工作，并纳入相关工作检查、考评。各部门应当建立协作机制，定期研究、共同做好消防安全培训教育工作。该规定明确了各部门在开展消防安全培训教育工作中的管理职能。

（一）公安机关

公安机关在消防安全培训教育工作中应当履行下列职责，并由公安机关消防机构具体实施：

（1）掌握本地区消防安全培训教育工作情况，向本级人民政府及相关部门提出工作建议。

（2）协调有关部门指导和监督社会消防安全培训教育工作。

（3）会同教育行政部门、人力资源和社会保障部门对消防安全专业培训机构实施监督管理。

（4）定期对社区居民委员会、村民委员会的负责人和专（兼）职消防队、志愿消防队的负责人开展消防安全培训。

（二）教育行政部门

教育行政部门在消防安全培训教育工作中应当履行下列职责：

（1）将学校消防安全培训教育工作纳入培训教育规划，并进行教育督导和工作考核。

（2）指导和监督学校将消防安全知识纳入教学内容。

（3）将消防安全知识纳入学校管理人员和教师在职培训内容。

（4）依法在职责范围内对消防安全专业培训机构进行审批和监督管理。

（三）民政部门

民政部门在消防安全培训教育工作中应当履行下列职责：

（1）将消防安全培训教育工作纳入减灾规划并组织实施，结合救灾、扶贫济困和社会优抚安置、慈善等工作开展消防安全教育。

（2）指导社区居民委员会、村民委员会和各类福利机构开展消防安全培训教育工作。

（3）负责消防安全专业培训机构的登记，并实施监督管理。

（四）人力资源和社会保障部门

人力资源和社会保障部门在消防安全培训教育工作中应当履行下列职责：

（1）指导和监督机关、企业和事业单位将消防安全知识纳入干部、职工教育和培训内容。

（2）依法在职责范围内对消防安全专业培训机构进行审批和监督管理。

（五）安全生产监督管理部门

安全生产监督管理部门在消防安全培训教育工作中应当履行下列职责：

（1）指导并监督矿山、危险化学品、烟花爆竹等生产经营单位开展消防安全培训教育工作。

（2）将消防安全知识纳入安全生产监管监察人员和矿山、危险化学品、烟花爆竹等生产经营单位主要负责人、安全生产管理人员及特种作业人员培训考核内容。

（3）将消防法律法规和有关技术标准纳入注册安全工程师

及职业资格考试内容。

（六）其他行政部门

住房和城乡建设行政部门应当指导和监督勘察设计单位、施工单位、工程监理单位、施工图审查机构、城市燃气企业、物业服务企业、风景名胜区经营管理单位和城市公园绿地管理等单位开展消防安全培训教育工作，将消防法律法规和工程建设消防技术标准纳入建设行业相关职业人员的培训教育和从业人员的岗位培训及考核内容。

文化、文物行政部门应当积极引导创作优秀消防安全文化产品，指导和监督文物保护单位、公共娱乐场所和公共图书馆、博物馆、文化馆、文化站等文化单位开展消防安全培训教育工作。

广播影视行政部门应当指导和协调广播影视制作机构和广播电视播出机构，制作并播出相关消防安全节目，开展公益性消防安全宣传教育，指导和监督电影院开展消防安全培训教育工作。

旅游行政部门应当指导和监督相关旅游企业开展消防安全培训教育工作，督促旅行社加强对游客的消防安全宣传教育，并将消防安全条件纳入旅游饭店、旅游景区等相关行业标准，将消防安全知识纳入旅游从业人员的岗位培训及考核内容。

二、消防安全培训的重点对象

消防安全培训的对象应当是消防安全工作实践的主体。

（一）企事业单位的领导干部

单位消防安全管理工作的推进有两个原动力，一个是领导自上而下的规划推动力，另一个是职工自下而上的需求拉动力。这两个动力相互作用，缺一不可，而各级领导对消防安全管理工作的重视和支持是发挥这两个原动力的关键。如果各级领导以及职工都能在消防安全管理的作用、任务和根本价值取向上取得共识，在实际工作中，建筑消防安全管理的分歧和矛盾就仅仅是具体方法、形式、进度以及所涉及利益关系上的调整。

要做好单位消防安全管理工作，就必须加强领导，统筹规划，精心组织，全面实施。只有这样才能切实落实消防安全管理措施和管理制度，保障单位的消防安全。因此，对单位领导进行消防安全法律法规教育、火灾案例教育等方面的培训，提高其消防安全意识是十分必要的。

（二）企事业单位的消防安全管理人员

企事业单位的消防安全管理人员长期从事单位消防安全管理的实际工作，是普及消防安全知识不可或缺的力量，他们个人消防安全素质的高低、消防安全管理能力的强弱，将影响整个单位消防安全管理的质量。

对企事业单位消防安全管理人员的培训应该采取较为专业的方式，主要由公安消防部门对他们进行专业知识和技能的培训教育，使他们掌握一定的消防安全知识、消防技能和消防安全管理方法，以对本单位进行更加有效的消防安全管理。

（三）企事业单位的职工

企事业单位的职工是单位的主人，是消防安全实践的主体，他们个人消防安全素质的好坏，将直接影响企事业单位的安全。

公安部颁布的《社会消防安全培训教育》第十四条规定：单位应当根据本单位的特点建立健全消防安全培训教育制度，明确机构和人员，保障培训工作经费，定期开展形式多样的消防安全宣传教育；对新上岗和进入新岗位的职工进行上岗前的消防安培训；对在岗的职工每年至少进行一次消防安全培训；消防安全重点单位每半年至少组织一次灭火和应急疏散演练，其他单位每年至少组织一次演练。

（四）单位重点岗位的专业操作人员

单位重点岗位的专业操作人员是单位消防安全培训的重点对象，由于岗位的重要性，使得他们操作的每一个阀门、安装的每一颗螺丝、敷设的每一根电线、按动的每一个按钮、添加的每一种物料等都可能成为诱发事故的原因，如若不具有一定的事业心，不掌握一定的消防安全知识和专业操作技术，就有可能出现差错，就会带来事故隐患，甚至造成事故。而一旦造成事故将直接威胁到职工的生命安全和单位的财产安全。

要做好单位消防安全管理工作，必须对重点岗位专业操作人员进行消防安全培训，使其了解和掌握消防法律、法规，消防安全规章制度和劳动纪律；熟悉本职工作的概况，生产、使用、贮存物资的火险特点，危险场所和部位，消防安全注意事项；了解本岗位工作流程及工作任务，熟悉岗位安全操作规程、重点防火部位和防火措施及紧急情况的应对措施和报警方法等。

（五）进城务工人员

进城务工人员是指户籍在农村而进城打工的人员，随着经济建设的飞速发展，会有更多的农民工进城务工。他们大部分在建筑业第一线从事具体劳动，其安全意识的强弱、消防安全知识的多少和消防安全素质的高低，将直接影响公共消防安全和自身安全。

由于生活环境和受教育程度的不同，他们对城市生活还比较陌生，对城市家庭使用的燃气、家电等的性能和使用方法都还不是很清楚；对企业生产过程中的消防安全知识、逃生自救知识也知之较少，往往因操作失误而造成事故，甚至危及自己的生命；尤其是遇到火灾事故因不知如何逃生而丧失性命。因此，加强对进城务工人员的消防安全培训教育非常重要。

三、消防安全培训的常见形式

消防安全培训的形式是由消防安全培训教育的对象、内容以及各单位消防安全工作的具体情况决定的，接受教育对象的多少和教育的层次可归纳为以下三种：

（一）按培训对象的数量

消防安全培训教育按被教育对象的数量，分为集中培训和个别培训两种形式。

1.集中培训

集中培训是指将有关人员集中在一起，根据特定的情况和内容进行培训。又可分为授课式和会议式两种情况。

（1）授课式。授课式主要是以办培训班或学习班的形式，将培训人员集中一段时间，由教员在课堂上讲授消防安全知识。这种方式，一般是有计划进行的一种消防安全培训方式。如成批的新工人入厂时进行的消防安全培训、公安消防机构或其他有关部门组织的消防安全培训等多采用此种方式。

（2）会议式。会议式是根据一个时期消防安全工作的需要，采取召开消防安全工作会、消防专题研讨会、火灾事故现场会等形式，进行消防安全培训教育。根据消防工作的需要，定期召开消防安全工作会议，研究解决消防安全工作中存在的问题；针对消防安全管理工作的疑难问题或单位存在的重大消防安全隐患，召开专题研讨会，研究解决问题的方法，同时对管理人员进行消防安全教育；火灾现场会教育是用反面教训进行消防安全教育的方式。本单位或其他单位发生了火灾，及时组织职工或领导干部在火灾现场召开会议，用活生生的事实进行教育，效果应该是最好的。在会上，领导干部要引导分析导致火灾的原因，认识火灾的危害，提出今后预防类似火灾的措施和要求。

2.个别培训

个别培训就是针对职工岗位的具体情况，对职工进行个别指导，纠正错误之处，使操作人员逐步达到消防安全的要求。个别培训主要有岗位培训教育、技能督查教育两种。

（1）岗位培训教育。岗位培训教育是根据职工操作岗位的实际情况和特点而进行的。通过培训使受训职工能正确掌握"应知应会"的内容和要求。

（2）技能督查教育。技能督查教育是指消防安全管理人员在深入职工操作岗位督促检查消防教育结果时发现问题，要弄清原因和理由，提出措施和要求，根据各人的不同情况，采取个别指导或其他更恰当的方法对职工进行教育。

（二）按培训教育的不同层次

消防安全培训按教育的不同层次，可分为厂（单位）、车间（部门）、班组（岗位）三级。要求新职工，包括从其他单位新调入的职工，都要进行三级消防安全培训教育。

1.厂（单位）级培训教育

新工人来单位报到后，首先要由消防安全管理人员或有关技术人员对他们进行消防安全培训，介绍本单位的特点、重点部位、安全制度、灭火设施等，学会使用一般的灭火器材。从事易燃易爆物品生产、储存、销售和使用的单位，还要组织他们学习基本的化工知识，了解全部的工艺流程。经消防安全培训教育，考试合格者要填写消防安全教育登记卡，然后持卡向车间（部门）报到。未经过厂级消防安全教育的新工人，车间可以拒绝接收。

2.车间（部门）级培训教育

新工人到车间（部门）后，还要进行车间级培训教育，介绍本车间的生产特点、具体的安全制度及消防器材分布情况等。培训教育后同样要在消防安全教育登记卡上登记。

3.班组（岗位）级培训教育

班组（岗位）级消防安全培训教育，主要是结合新工人的具体工种，介绍岗位操作中的防火知识、操作规程及注意事项，以及岗位危险状况紧急处理或应急措施等。对在易燃易爆岗位操作的工人以及特殊工种人员，上岗操作还要先在老工人的监护下进行，在经过一段时间的实习后，经考核确认已具备独立操作的能力时，才可独立操作。

（三）消防安全激励教育

在消防安全培训教育中，激励教育是一项不可缺少的教育形式。激励教育有物质激励和精神激励两种，如对在消防安全工作中有突出表现的职工或单位给予表彰或给予一定的物质奖励，而对失职的人员给予批评或扣发奖金、罚款等物质惩罚，并通过公众场合宣布这些奖励或惩罚。这样从正反两方面进行激励，不仅会使有关人员受到物质和精神上的激励，同时对其他同志也有很强的辐射作用。因此，激励教育对职工群众是十分必要的。

四、消防安全培训的核心内容

（1）消防安全工作的方针和政策教育。国家制定的消防工作的法律、法规、路线、方针、政策，对现代国家的消防安全管理起着调整、保障、规范和监督作用，是社会长治久安，人民安居乐业的一种保障。消防安全工作，是随着社会经济建设和现代化程度的发展而发展的。"预防为主，防消结合"的消防工作方针以及各项消防安全工作的具体政策，是保障公民生命财产安全、社会秩序安全、经济发展安全、企业生产安全的重要措施。所以，进行消防安全教育，首先应当进行消防工作的方针和政策教育，这是做好消防安全工作的前提。

（2）消防安全法律、法规教育。消防安全法律、法规是人人应该遵守的准则。通过消防安全法律、法规教育，使广大职工群众懂得哪些应该做，应该怎样做；哪些不应该做，为什么不应该做，做了又有什么危害和后果等，从而使各项消防法规得到正确的贯彻执行。针对不同层次、不同类型的培训对象，选择不同的法规进行教育。

（3）消防安全科普知识教育。消防安全科普知识，是普通公民都应掌握的消防基础知识，其主要内容应当包括：火灾的危害；生活中燃气、电器防火、灭火的基本方法；日用危险物品使用的防火安全常识；常用电器使用防火安全常识；发生火灾后报警的方法；常见的应急灭火器材的使用；如何自救互救和疏散等。使广大人民群众都懂得这些基本的消防安全科普知识，是有效地控制火灾发生或减少火灾损失的重要基础。

（4）火灾案例教育。人们对火灾危害的认识往往是从火灾事故的教训中得到的，要提高人们的消防安全意识和防火警惕性，火灾案例教育是一种最具说服力的教育方式。通过典型的火灾案例，分析起火原因和成灾原因，使人们意识到日常生活中疏忽就可能酿成火灾，不掌握必要的灭火知识和技能就可能使火灾蔓延，造成更大的生命和财产损失。火灾案例教育可从反面提高人们对防火工作的认识，从中吸取教训，总结经验，采取措施，做好防火工作。

（5）消防安全技能培训。消防安全技能培训主要是对重点岗位操作人员而言的。在一个工业企业单位，要达到生产作业的消防安全，操作人员不仅要掌握消防安全基础知识，而且还应具有防火、灭火的基本技能。如果消防安全教育只是使受教育者拥有消防安全知识，那么还不能完全防止火灾事故的发生。只有操作人员在实践中灵活地运用所掌握的消防知识，并且具有熟练的操作能力和应急处理能力，才能体现消防安全教育的效果。

五、消防安全培训的注意事项

为使消防安全培训教育工作取得明显的成效，在利用各种形式开展教育的同时，还应注意以下事项：

（1）充分重视，定期进行。单位领导要充分认识消防安全培训教育的重要性，并将消防安全培训教育列入工作日程，作为企业文化的一个重要组成部分来抓。制定消防安全培训制度并督促落实。通过多种形式开展经常性的消防安全培训教育，切实提高职工的消防安全意识和消防安全素质。根据国家有关规定，单位应当全员进行消防安全培训，消防安全重点单位对每名员工应当至少每年进行一次消防安全培训，其中公众聚集场所对员工的消防安全培训应当至少每半年进行一次。新上岗和进入新岗位的员工上岗前应再次进行消防安全培训。

（2）抓住重点，注重实效。培训的重点是各级、各岗位的消防安全责任人，专、兼职消防安全管理人员；消防控制室的值班人员、重点岗位操作人员；义务消防人员、保安人员；电工、电气焊工、油漆工、仓库管理员、客房服务员；易燃易爆危险品的生产、储存、运输、销售从业人员等重点工种岗位人员，以及其他依照规定应当接受消防安全专门培训的人员。要求根据不同的培训对象，合理选择培训内容，不走过场，注重培训的实际效果。

（3）三级培训，严格执行。要严格执行厂（单位）、车间（部门）、班组（岗位）三级消防安全培训制度。不仅是新进厂的职工要经过三级消防安全培训，而且进厂后职工在单位范围内有工作调动时，也要在进入新部门（车间）、新岗位时接受新的消防安全培训。岗位的消防安全培训，应当是经常性的，要不断提高职工预防事故的警惕性和消防安全知识水平。特别是当生产情况发生变化时，更应对操作工人及时进行培训。以适应生产变化的需要。接受过三级消防安全培训的工人，因违章而造成事故的，本人负主要责任；如未对工人进行三级消防安全培训教育，由于不懂消防安全知识而造成事故的，则有关单位的领导要承担主要责任。

（4）消防安全培训教育要有较强的针对性、真实性、知识性、时效性和趣味性。消防安全培训教育同消防安全宣传教育一样，要有较强的针对性、真实性、知识性、时效性和趣味性。尤其是消防安全培训教育内容的选择，一定要具有针对性。要充分考虑到培训对象的身份、特点、所在行业、从事的工种等各种情况，同时也要考虑到培训的目的、要求、时间、地点等，根据具体的情况，合理选择培训内容和形式，使消防安全培训教育有重点、有针对性地进行。取得良好的培训效果，切实达到培训的目的。

（5）采取不同层次、多种形式进行培训。要根据单位和培训对象的实际情况采取不同层次、多种形式进行培训。对于大中型企业（或单位）的法定代表人，消防控制室操作人员，消防工程的设计、施工人员，消防产品生产、维修人员和易燃易爆危险物品生产、使用、储存、运输、销售的专业人员宜由省一级的消防安全培训机构组织培训；对于一般的企业法定代表人，企业消防安全管理人员，特种行业的电工、焊工等宜分别由省辖市一级的消防安全培训机构或区、县级的消防安全培训机构组织培训；对于机关、团体、企业、事业单位普通职工的消防安全培训，宜由单位的消防安全管理部门组织。培训形式可多种多样，根据具体情况从上述形式中选择。

（6）要加强对消防安全培训机构的管理。国家机构以外的社会组织或个人，利用非国家财政性经费，或者其他依法设立的职业培训机构、职业学院及其他培训机构，面向社会从事消防安全专业培训的，应当经过省级人力资源和社会保障部门批准，取得消防安全职业培训批准书。消防安全专业培训机构应当按照国家有关法律、法规、规章、章程和公安部会同教育部、人力资源和社会保障部等共同制定、编制的全国统一的消防安全培训教育大纲开展消防安全专业培训，以保证培训质量。

▶ 结　语

消防安全重于泰山，对于一个国家来说，消防安全与广大人民群众的生命财产安全具有不可分割的关系，而且与社会稳定发展有密切联系。随着社会的不断发展和各行各业新能源新技术的进步，带给消防工作的压力也越来越大，消防安全问题涉及我们生活工作的方方面面，任何行业的发展都离不开消防安全的监督和把控。

本书基于消防基础知识及其相关理论，重点围绕建筑防火、初起火灾的处置与消防安全疏散、消防监督检查、消防宣传教育培训进行论述研究，以期对我国消防安全与监督管理工作的发展提供有意义的借鉴和参考。

▶参考文献

一、著作类

[1] 北京市公安局消防局 . 消防监督检查 [M]. 北京：经济日报出版社，2014.

[2] 公安部消防局组织 . 消防安全技术实务 [M]. 北京：机械工业出版社，2014.

[3] 韩海云 . 公安派出所消防监督管理 [M]. 北京：中国人民公安大学出版社，2017.

[4] 路长 . 消防安全技术与管理 [M]. 北京：地质出版社，2017.

[5] 任清杰 . 消防安全保卫 [M]. 西安：西北工业大学出版社，2018.

[6] 上海市消防局 . 公安派出所消防工作实用手册 [M]. 上海：上海科学技术出版社，2017.

[7] 孙旋，晏风，袁沙沙，等 . 消防安全评估 [M]. 北京：中国建筑工业出版社，2021.

[8] 王淑萍 . 建筑消防安全管理 [M]. 武汉：华中科技大学出版社，2015.

[9] 张家忠 . 公安消防监督管理实务 [M]. 昆明：云南科技出版社，2017.

二、期刊类

[1] 陈娟娟，方正，王晓刚."典型建筑单位"消防安全评估研究[J].科技通报，2018（10）.

[2] 陈曦.基于监督检查的消防法治建设突出问题初探[J].今日消防，2021，（06）.

[3] 封顺.对有效开展社会消防安全培训的核心思路分析[J].今日消防，2019（06）.

[4] 胡宏炜.浅析危险化学品风险防控机制[J].法制与社会，2021（10）.

[5] 黄祖华.浅议单位消防安全培训[J].水上消防，2016（05）.

[6] 会元.初起火灾扑救常识[J].职业卫生与应急救援，2011（06）.

[7] 李承猛.高层建筑消防安全疏散现状及解决措施[J].今日消防，2020（12）.

[8] 李锦森.新时期如何做好消防宣传教育工作[J].消防界（电子版），2020（20）.

[9] 刘明，满淳.建筑电气防火在预防电气火灾中的探讨[J].天津化工，2019（06）.

[10] 刘晓翔.新时期做好消防监督检查工作的难点和重点[J].消防界（电子版），2021（11）.

[11] 马涛.建筑消防设施在高层灭火救援中的运用研究[J].消防界（电子版），2020（24）.

[12] 马作栋.危险化学品行业消防安全管理对策[J].化工管理，2020（27）.

[13] 牛小兵.消防宣传教育的关键点分析与阐述[J].消防界（电子版），2017（05）.

[14] 潘姗姗，李佳．商业综合体防火分区常见划分与疏散 [J]. 今日消防，2021（06）．

[15] 任亮．高大空间建筑防烟分区设计方法研究 [J]. 消防技术与产品信息，2018（03）．

[16] 石贤忠．消防安全重点单位监管的重点和难点 [J]. 消防界（电子版），2020（23）．

[17] 唐胜利，何世家，张泽江，等．防火门在火灾初期的防烟作用探讨 [J]. 消防界（电子版），2019（05）．

[18] 田静．危险化学品仓储的消防安全管理策略探析 [J]. 现代商贸工业，2021（01）．

[19] 田士伟．建筑消防安全疏散设计方法研究 [J]. 智能建筑与智慧城市，2021（02）．

[20] 王春华．易燃易爆危险化学品场所的消防安全管理 [J]. 防灾博览，2020（01）．

[21] 王吉红．家庭常见初起火灾应对措施 [J]. 现代职业安全，2015（01）．

[22] 王婉娣，张辉．建筑防烟分区划分安全性研究 [J]. 清华大学学报（自然科学版），2016（12）．

[23] 王卫红．消防水炮在大空间建筑中的应用[J]. 居舍，2019（18）．

[24] 王勇．消防监督检查中若干常见问题的探讨 [J]. 智能建筑与智慧城市，2021（06）．

[25] 王振华．危险化学品灾害事故处置研究 [J]. 消防界（电子版），2021（10）．

[26] 王祝坤，屈天翊．如何提高社会消防安全培训质量的探讨 [J]. 消防技术与产品信息，2016（04）．

[27] 吴健.灭火救援中建筑消防设施的应用[J].低碳世界，2017（36）.

[28] 徐晓翔，郁军.建筑电气的配电方式及防火对策[J].大众标准化，2020（06）.

[29] 要国.固定消防设施在灭火救援中的应用[J].今日消防，2021（04）.

[30] 喻梅.试论大空间建筑的防火分区设计[J].科学技术创新，2017（31）.

[31] 张立红.做好社会单位消防安全管理及管理模式创新分析[J].消防界（电子版），2021（08）.

[32] 张权.如何推动单位落实消防安全主体责任[J].消防界（电子版），2021（11）.

[33] 张文辉.民用建筑电气防火设计探讨[J].现代建筑电气，2019（09）.

[34] 赵威.消防监督检查的现状及发展探究[J].今日消防，2021（05）.

[35] 赵秀雯.新媒体视域下消防宣传教育工作现状分析[J].武警学院学报，2020（08）.

[36] 钟涛.保障火灾初期灭火消防用水供水方法探析[J].化工管理，2018（09）.